Nikon 尼康

数码单反摄影

从入门到精通

记忆时光摄影工作室 编著

尼康14款人气镜头经典
配搭全方位完整解秘

视角广阔、透视效果良好的广角镜头
真实再现影像的标准镜头
空间压缩感强的长焦镜头
精确还原微观世界的微距镜头

尼康数码单反摄影实拍技法
超能量升级体验

构图是摄影成败的第一步
光影是摄影作品的灵魂
色彩烘托摄影画面的氛围

尼康主流机型专家级
参数设定100%深度剖析

光圈／景深／快门／感光度／曝光／色温
白平衡／拍摄模式／测光／对焦

尼康数码单反高清视频拍摄
数码影院核心解码

打造属于自己的个性化短片拍摄

尼康数码单反主题摄影
实战技巧五星级呈现
风光／人像／儿童／植物／建筑／夜景／动物

超值
精华版
★★★★★

兵器工业出版社

内 容 简 介

尼康数码单反相机一直以技术先进、画质优秀而著称，如何发挥尼康数码单反相机与镜头的技术优势，拍出令人满意的好照片，却不是一件容易的事情。本书针对尼康数码单反相机的技术特点，由浅入深地讲解与尼康数码单反摄影有关的基本概念、功能结构、拍摄模式、菜单设置、视频拍摄、镜头搭配、附件选购、构图、用光与色彩，以及人像、儿童、风光、花卉、建筑、夜景、宠物、鸟类、野生动物等题材的实拍技法，为广大摄影爱好者提升拍摄水平，提供了深入而全面的指导。

本书将拍摄技法与摄影艺术有机结合起来，内容详细实用，讲解简洁易懂，图片赏心悦目，适合所有正在使用或即将使用尼康数码单反相机的摄影爱好者阅读。

图书在版编目（CIP）数据

尼康数码单反摄影从入门到精通/记忆时光摄影工作室编著. —北京：兵器工业出版社，2013.1
ISBN 978-7-80248-860-1

I. ①尼⋯　II. ①记⋯　III. ①数字照相机－单镜头反光照相机－摄影技术 IV. ①TB86②J41

中国版本图书馆 CIP 数据核字（2012）第 275621 号

出版发行：兵器工业出版社		责任编辑：王　强　李小楠	
发行电话：010-68962596，68962591		封面设计：韦　纲	
邮　　编：100089		责任校对：刘　伟	
社　　址：北京市海淀区车道沟 10 号		责任印刷：王京华	
经　　销：各地新华书店		开　　本：787mm×1092mm　1/16	
印　　刷：北京博图彩色印刷有限公司		印　　张：22	
版　　次：2013 年 1 月第 1 版第 1 次印刷		字　　数：522 千字	
印　　数：1－3 500		定　　价：89.80 元	

前 言 | PREFACE

　　一本好的讲解尼康相机的摄影类图书应该具有怎样的特点？

　　作为一个图书作者，如果搞不清楚这个问题，就很难创作出一本令读者满意的图书，因为没有这个问题的准确答案，写作的方向就会失去准星。幸运的是，笔者不仅专业从事写作，还在业余时间参加了大量专业的摄影创作，并在此过程中结识了一批不仅痴迷于相机，而且还热爱摄影技术的摄影爱好者，因此从他们那里找到了这个问题的答案，正是他们的答案使本书构成以下所述的内容。

　　摄影虽然最终拼的是创意、眼光与审美底蕴，但没有合适的器材这一切都只是无源之水、无根之木。第1~2章介绍与器材硬件有关的知识，以便于初学者搞清楚画幅对于相机的成像、景深的影响，了解尼康全系列相机的概况，并通过当前最流行的尼康当家机型D7000了解尼康相机各个按钮的功能。

　　无论使用什么相机拍摄什么题材都必须十分重视光的运用，第3~6章介绍与尼康相机测光、曝光操作密切相关的知识，并对其进行了深入讲解；第13~14章讲解光与色的基础摄影理论，这两部分知识配合起来阅读、学习，能够使读者轻松地玩转摄影光线。

　　清晰是每一张好照片都必备的标准，第7章详细讲解如何利用尼康相机强大的对焦系统来确保拍摄出来的每一张照片都是清晰的。

　　第8章的内容看上去是生硬无趣的菜单，但实际上却非常重要，只有掌握这些基本的菜单功能，才有资格说"基本掌握了尼康相机的基本操作"。

　　单反相机发展到今天，摄影功能强大已经不再是判断该相机优劣的全部标准，摄像功能是否强大，有时也是一个重要的功能指标。第9章讲解如何利用尼康相机拍摄出令人心动的高画质视频。

　　俗话说好马配好鞍，好的相机离不开好的附件，如镜头、滤镜、三脚架等。第10~11章详细讲解如何为自己的尼康爱机配备合适的附件，以发挥其更大的效用。

　　第12章讲解如何在摄影中利用各种构图元素使画面具有形式美感，这些知识实际上是放之四海皆准的一些规则，因此无论使用的是或不是尼康相机，还是使用的不同档次的尼康相机均可以阅读学习本书。

　　第15~19章是实拍题材，讲解人像、儿童、风光、建筑、花卉、夜景、宠物、鸟类、野生动物等若干种常见摄影题材的拍摄技法。众所周知摄影是一门实践性很强的艺术创作门类，只有在摄影拍摄实践中不断检查前面所学习过的理论、技法，才能够真正驾驭尼康相机，使其成为优秀的创作工具，拍出漂亮的大片，因此掌握这些章节所讲述的专题性摄影技法非常有必要。

　　可以说本书是一本尼康相机大全型摄影图书，有硬件的展示、讲解，也有软性的理论、技法，通常阅读学习本书，读者能够全面掌握尼康相机的拍摄功能。

　　本书主要由雷波编写，以下人员参与了资料的搜集、整理工作，他们是雷剑、左福、范玉婵、刘志伟、李美、邓冰峰、詹曼雪、黄正、孙美娜、刘小松、陈红艳、徐克沛、吴晴、李洪泽、漠然、李亚洲、佟晓旭、江海艳、董文杰、张米勤、刘星龙、边艳蕊、李敏、李亚洲、卢金凤、李静、肖辉、管亮、马牧阳、张伟、穆庆华、黄菲、杨冲、张奇、陈志新、马俊南、孙雅丽、孟祥印、李倪、潘陈锡、姚天亮等。

雷　波

目录 | CONTENTS

第 5 章　拍摄模式　051

第 6 章　了解尼康相机强大的测光功能　065

第 7 章　了解尼康相机强大的对焦系统　073

第 8 章　尼康相机便于拍摄的菜单设定　　085

第 9 章　使用尼康相机拍摄高清视频　　095

第 10 章　为尼康相机装配好镜头　　105

第 11 章　用好附件照片同样能出彩　　127

第 12 章　构图　　145

第 13 章　光影　201

第 14 章　色彩　221

第 15 章　大美风光摄影实战技巧　233

第 16 章 人像、儿童 271

第 17 章 花卉 303

第 18 章 建筑与夜景 — 311

第 19 章 宠物、鸟类、野生动物 — 327

第1章

必须要了解的数码单反摄影
基础理论

1.1 感光元件——数码单反相机最重要的元件

如果要论及数码单反相机中哪个元件最重要，应该说非感光元件莫属。只有通过感光元件才可以将光线转换成电荷信号，通过一系列处理后，最终将其记录在数码单反相机的存储卡中。因此，要了解一台数码单反相机，可以从感光元件开始。

目前数码单反相机使用的感光元件有两种，一种是CCD元件，另一种是CMOS元件。

CCD由半导体材料制成，其工作原理是将光线转变成电荷信号，再通过模数转换器芯片将其转换成数字信号，数字信号经过压缩后，由数码单反相机的存储卡进行保存。

CMOS由硅和锗两种元素制成，CMOS上带负电的半导体和带正电的半导体共存，两者的互补效应所产生的电流可以被处理芯片记录和解读成影像。

与CCD相比，CMOS的结构相对简单，制造成本也更低。但CCD的成像效果优于CMOS，因此卡片机通常选用CCD作为感光元件；而数码单反相机的综合性能较强，能够弥补CMOS在成像方面的不足之处，因此大多采用CMOS作为感光元件。另外，还有两个比较重要的原因，CMOS能耗更少，因此更省电；此外，大面积的CCD较贵，而单反相机必须使用面积较大的感光元件，因此采用CCD将使相机制作成本大幅度上升。

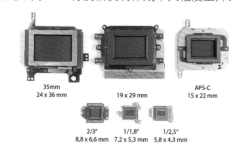

1.2 画幅——数码单反相机最重要的分类标准

除了材质，传感器的尺寸也是其重要的一个考量指标。通常，感光元件的好坏与其尺寸大小成正比，尺寸越大的感光元件，感光性能越好，同一时间内捕捉的光子越多，电信号造成的噪点越少，因此成像质量也就越高，但其制作成本也越昂贵。

而这里所指的尺寸，实际上就是专业术语中的"画幅"。

全画幅

所谓"全画幅"，是指数码单反相机感光元件（CCD或CMOS）的尺寸和135胶卷的尺寸大致相同，一般为36mm×24mm。目前，很多数码单反相机的厂家都在高端机型中使用了全画幅的感光元件。

全画幅数码单反相机由于其感光元件的尺寸大，因此成像质量会更好，图像的细节层次也会更加丰富。另外，全画幅数码单反相机的镜头焦距转换率达到了1：1，在使用时不会有焦距换算的问题，拍摄者可以不用担心广角端的焦距损失，轻松将更为广阔的空间纳入画面中。

在尼康全系列相机中，只有D700、D800及刚刚发布的D600是全画幅相机。尼康公司将全画幅相机称为FX画幅相机。

D700与D800是准专业级别的全画幅相机。

非全画幅——APS

APS 是英文Advance Photo System的首字母缩写，中文即"高级成像系统"，是1996 年由富士、柯达、佳能、美能达、尼康等五大公司联合开发的。APS 定位于业余消费市场，共设计了三种底片画幅，即H 型、C 型和P 型。

H 型是满画幅，尺寸为30.3mm×16.6mm，长宽比为16：9。

C 型是在满画幅的左右两边各挡去一端，尺寸为24mm×16mm，长宽比为3：2，与135 底片同比例。尼康初中级机型，如D3000、D3100、D3200、D5000、D5100、D90、D7000、D300s等相机均是APS-C 画幅，尼康公司将APS-C 画幅相机称为DX 画幅相机。

P 型是在满画幅的上下两边各挡去一端，尺寸为30.3mm×10.1mm，画面的长宽比为3：1，被称为"全景模式"。

D3200与D7000是尼康系列相机中较新的两款非全画幅家用相机。

1.3　FX与DX画幅相机在成像方面的区别

成像视角的区别

FX与DX画幅相机在成像方面一个非常明显的区别就是，一只镜头在这两种不同画幅的数码相机上以相同的焦距拍摄时，成像的视角不同。例如，50mm焦距的镜头用在D800这样的FX画幅相机上，其视角大约是46°，而用在Nikon D5100这样的DX画幅相机上时，其视角大约是30°，大体相当于75mm焦距的镜头在D800相机上成像的视角，即基本都是30°。

为说明这种差异，在摄影界中引入了焦距转换系数这一概念。数码相机的感光元件越小，其镜头焦距转换系数越大，尼康相机的转换系数是1.6。

例如，Nikon D5100的感光元件COMS 的成像面积为23.6mm×15.6mm，用在这款相机上的镜头焦距乘以1.6 就是等效焦距。

了解等效焦距的意义在于，当使用的是DX画幅相机时，可以通过镜头上标识的焦距，换算

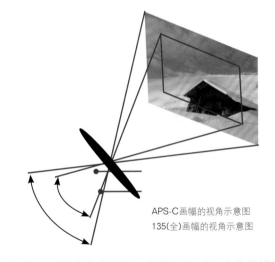

APS-C画幅的视角示意图
135(全)画幅的视角示意图

出当这只镜头安装在自己的相机上时，大体能够拍摄出哪种视角的画面。

例如，对于经常拍摄风光的摄影爱好者而言，如果选购的是一只最近焦距为28mm的镜头AF-S NIKKOR 28-300mm 3.5-5.6 G ED VR，则通过换算可知，相机最近的焦距是44.6mm，因此这样的一只镜头安装在DX画幅相机上是无法拍摄出广角效果的。

成像质量的区别

DX与FX画幅相机在成像质量方面也有区别，这主要是由于两者在感光元件上的像素大小不同。

以DX画幅的D3200为例，其像素量达到了2400万，而FX画幅的D700只有1210万，但D700的感光元件却比D3200的感光元件大不少，因此通过估算，D700相机上感光元件的每一个像素宽约为8μm（微米），D3200相机上感光元件的每一个像素宽仅有4μm左右。

在感光元件上单个像素越大，单位时间内其捕捉的光子越多，感光性能越好，越不容易产生噪点。而像素点面积越小，所获得的信息量自然也就越少，为了对其加以补偿就必须加大电信号，其结果就是导致画面出现噪点，这也是为什么在弱光下拍摄时，全画幅相机的噪点较少，而APS-C画幅的单反相机噪点相对较多的原因。

➡ 可看出全画幅的成像质量高于C画幅。

1.4 FX与DX画幅相机在景深效果方面的区别

　　使用全画幅相机拍摄照片的乐趣之一就是获得背景虚化更完美的照片，如果使用相同的镜头，以相同的视角、光圈、焦距拍摄同一位置的被拍摄对象，通过对比会发现，使用全画幅相机拍摄出来的照片背景虚化效果更明显，如果使用的镜头足够好，可以轻松地获得摄友经常提到的"空气切割"效果，即焦内清晰锐利，而焦外则虚化柔和。

 80mm焦距用在Nikon D7000（非全画幅）机型上的拍摄效果，等效焦距为120mm。

120mm焦距用在全画幅机型（D700）上的拍摄效果。

从两张照片的对比中可以看出，虽然视角一样大，但使用全画幅机型时，虚化效果更好。

1.5 像素——数码单反相机画质的重要标准

由于不少相机厂商在做广告时都大力宣传高像素，使消费者误认为像素越高成像质量就越好。例如，D800的像素为3600万，D3200的像素为2400万，其实这是一个误区。因为针对像素这一指标，必须要针对用途来判断，以D3100相机为例，其像素为1400万，如果将照片的尺寸设置为大，则照片的宽度与高度分别是4608×3072，这样大小的照片如果仅仅在电脑中浏览，即使显卡的缓存够大，也能够清晰地看到从上到下缓慢显示的过程，而且照片文件本身的大小在14MB左右，如果这样的照片足够多，对于硬盘容量不能不说是一个挑战。另外，如果以300dpi分辨率打印此照片，其尺寸能够达到39cm×26cm，这样的尺寸足以满足一般的照片冲印需求。

而对于商业摄影师而言，相机的像素量越高，意味着照片的细节可以越丰富，在后期处理时余地也越大。例如，可以通过裁剪改变照片的构图或去除照片的杂物，同时保证即使经过裁剪照片的像素量也依然可观。

因此具有3600万像素的D800，在开发之初就将消费人群定位在了商业摄影师。而具有2400万高像素的入门级相机D3200，实际上只是尼康的一个市场营销策略。

通过裁切，荷花的脉络在画面中成为表现重点，同时画面也呈现出一种残缺的美感。

第2章

尼康相机概述及功能结构一览

2.1 尼康数码单反相机概述

尼康公司（Nikon Corporation）创立于1917年，于1948年开始生产相机，并逐渐以工艺精湛、质量可靠、经久耐用等卓越品质受到用户的欢迎。

随着数码时代的到来，尼康也紧随时代的步伐，开发了数码单反相机——Nikon D1。此后，尼康公司不断开发并完善数码相机的产品线，到今天为止，出现了以D3x、D3s、D4、D800、D700、D300s、D90、D7000、D5100及D3200、D600等为代表的数码单反相机，这些拥有不同性能及定位的数码相机，奠定了尼康相机在市场中的地位。

总的来说，这些相机可以根据其性能及市场定位，大致分为入门、中端及高端3大类型。其中，入门及中端数码单反相机普遍以DX（即APS-C）画幅为主，而高端数码单反相机则以FX（即全画幅）为主。

入门级尼康数码单反相机

尼康入门级数码单反相机主要包括D3200和D5100这两个系列的产品，其共同特点就是由于大部分机身都采用工程塑料，因而重量较轻，便于外出携带，价格相对较为低廉，并融合了家用数码相机的"傻瓜"化功能，适用于不同场景的拍摄模式、拍摄向导等，同时兼备数码单反相机应有的核心功能，因而更适合初学者使用。

尼康入门级相机D5100

中端尼康数码单反相机

尼康中端数码单反相机主要包括D90/D7000和D300s这两个系列的产品，其中D7000可以说是D90系列的延续，但在性能上有着非常大的提高，由于D300s是较早发布的机型，因此D7000拥有直逼D300s的优异性能。这些中端数码单反相机定位于具有一定经验的摄影爱好者，以及一部分对相机性能要求不太高的专业人士，它们在相机的操控性能上有着本质的提高。例如，普遍配备了更容易观察也更省电的肩屏（控制面板），机身上配备了更多的功能按钮，配合双（主/副）拨盘设计，可以轻松地进行绝大多数常用参数设置，从而满足用户更为专业的拍摄需求。

尼康经典中端相机D90

另外，中端数码单反相机在"内在"方面也有了更大的提升，如快门寿命、对焦模块、测光模块、影像处理器、感光度等方面，

尼康最新中端相机D7000

普遍配置了比入门级相机更为高端的设备，使相机在整体性能上有大幅的提升。以对焦模块为例，尼康的入门级相机D5100采用的是尼康Multi-CAM1000对焦模块，拥有11个对焦点，仅中央对焦点为十字型，而中端相机D7000则采用最新研发的尼康Multi-CAM4800 DX对焦模块，拥有39个对焦点，并拥有9个十字型对焦点，仅从数字上就不难看出二者之间存在着巨大的差别，而在实际使用上，二者之间的对焦准度及速度性能也相差的不是一点半点。而对于DX画幅的旗舰产品D300s，在操控、外观、性能等方面，几乎完全承袭了高端全画幅相机D700，因而在操控、对焦、测光等方面都有着极为优秀的表现，只是由于发布的时间很早（2009年7月），因而在市场上的表现并不太突出。

尼康准专业相机D800

高端尼康数码单反相机

如前所述，在尼康高端相机中，普遍为FX全画幅数码单反相机，其中以D700、D800、D600和D3、D4这两大系列产品为主。

D700相机主打低像素、高画质、高连拍速度，但从市场的反应来看，一直受到佳能5D Mark Ⅱ相机的压制，而到了新一代的D800相机，从D700的1210万提高了整整3倍，达到了3630万像素，一跃成为像素量最高的数码单反相机，甚至可以媲美一些低端的中画幅相机，因而成为市场上关注的焦点。2012年9月17日尼康发布了最新入门级全画幅相机D600。此相机使用与D800相同的感光元件，像素量达到了2400万，对于非专业级摄影爱好者而言，完全能够满足需求。虽然在功能方面与准专业级D800略有差距，但由于其合理价位在12000元左右，因此其仍然是一款性价比较高的全画幅相机。

尼康最新入门级全画幅相机D600

对于高端相机中的顶级"机皇"，尼康采用"两条腿走路"的方式，将其拆分为主打像素与主打速度两种，即D3x与D3s/D4系列产品。在外形方面，统一采用集成手柄的方式，并在手柄上配有第2块控制面板，使摄影师在相机的背面即可查看常用参数；在存储方面，全部支持双CF存储卡（部分中端相机也具有此功能，但通常是双SD卡或SD+CF卡方式），以满足专业摄影师大量的拍摄需求；在机身的材料方面，则采用具有防水、防尘性能的镁合金密封机身，从而满足摄影师在各种苛刻环境下的拍摄需求；在内部性能方面，作为顶级相机的代表，它们都是采用最新、最顶级、最高端的配置，应该说是同时代相机中，最尖端技术的一个结合体，因此拥有无可挑剔的性能与操控性。

尼康机皇D3x

尼康机皇D4

通过前面的讲述，可知尼康的全系列相机有数十款之多，但需要指出的是这些相机的结构大体相同，下面讲解这些相机的共性，各位读者可以据此学习、掌握手中的相机。

- 模式拨盘：在尼康高端相机中（如D300s/D700/D3x/D4等），都没有模式拨盘的设计，而只有一个MODE按钮；在中低端相机上，均设计有模式拨盘，用于选择不同的拍摄模式。越高端的相机，模式拨盘中可选的智能拍摄模式越少，这主要是由于高端相机主要定位于有一定经验的用户，因此没有或较少提供智能化的拍摄模式。例如，在Nikon D5100中，提供了人像、风景、微距等智能拍摄模式，并通过选择SCENE模式后，可以在液晶显示屏中设置更多的智能拍摄模式，而到了Nikon D700相机，除了没有设计模式拨盘外，拍摄模式也仅保留了必要的P、S、A及M等拍摄模式。

Nikon D3200 的模式拨盘　　　Nikon D7000 的模式拨盘　　　Nikon D800 的模式拨盘　　　Nikon D600 的模式拨盘

- 控制面板：控制面板是位于相机顶部右侧的一块显示屏，可用于显示和设置常用的拍摄参数，仅在Nikon D90/D7000及更高端的相机上才有此显示屏，甚至在D3/D4系列相机的集成手柄上，还拥有第2块液晶显示屏，用于显示一些常用的参数，而对于Nikon D5100及偏入门级别的相机，则没有配备控制面板，仅在相机背部有一块液晶显示屏，用于显示和设置拍摄参数。

Nikon D3200 的顶部结构　　　　　　　　Nikon D7000 的顶部结构

Nikon D800 的顶部结构　　　　　　　　Nikon D600 的顶部结构

■ 内置闪光灯：在尼康相机中，除了顶级的 D3/D4 系列外，均配备了内置闪光灯，可以帮助用户进行简单补光和照明，并提供了方便的无线引闪功能；而对于 D3/D4 系列相机，用户需要购买外接闪光灯、无线引闪器，才可以实现实光、照明及无线引闪。

■ 副指令拨盘：对于 Nikon D90/D7000 及更高端的相机，除了主指令拨盘外，还提供了副指令拨盘，在设置拍摄参数、浏览照片以及选择菜单命令时，都非常方便；而对于 Nikon D5100 及更偏入门级别的相机，出于成本、定位等因素，并没有副指令拨盘可使用，而仅有一个指令拨盘。

■ 功能按钮：相机上的功能按钮可以配合主指令拨盘或副指令拨盘进行参数设置，在使用时非常方便，尤其对于专业摄影师来说，是非常常用和重要的组成部分，但对于偏入门级别的相机，则提供的功能按钮要少得多。例如，在 Nikon D5100 上，机身仅提供了一些用于浏览菜单、照片及设置曝光补偿的基本按钮，其他大部分参数均需要在液晶显示屏上进行设置；而对于 Nikon D700 相机，除了功能按钮增多外，配合主指令拨盘与副指令拨盘，可以实现更多拍摄参数的设定，在使用时更为方便。

Nikon D3200 的背面结构

Nikon D5100 的背面结构

Nikon D7000 的背面结构

Nikon D800 的背面结构

2.3 Nikon D7000相机正面结构

1 减轻红眼／自拍指示灯

2 副指令拨盘

3 Fn 按钮

4 景深预览按钮

5 红外线接收器（前）

6 安装标志

7 镜头释放按钮

8 反光板

9 镜头卡口

1 减轻红眼／自拍指示灯

选择"减轻红眼"功能后，该指示灯会亮起；当设置2s或10s自拍功能时，此灯会连续闪光进行提示；当拍摄场景的光线较暗时，该灯会亮起，以辅助对焦。

2 副指令拨盘

用于改变光圈、快门速度数值，或播放照片。

3 Fn 按钮

此按钮的默认功能为自拍，在"自定义设定"菜单中可将其变更为其他功能。

4 景深预览按钮

按下景深预览按钮，将镜头缩小到当前光圈设置，通过取景器可以查看景深。

5 红外线接收器（前）

接收遥控器信号。

6 安装标志

将镜头上的白色标志与机身上的白色标志对齐，旋转镜头，即可完成安装。

7 镜头释放按钮

用于安装或拆卸镜头，按下此按钮并旋转镜头的镜筒，可以把镜头安装在机身上或者从机身上取下来。

8 反光板

使用反光镜预升功能，有利于避免相机震动。

9 镜头卡口

尼康数码单反相机均采用AF卡口，可安装所有此卡口的镜头。

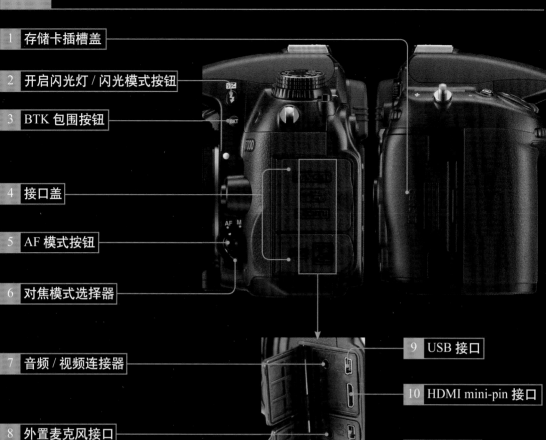

1 存储卡插槽盖

2 开启闪光灯 / 闪光模式按钮

3 BTK 包围按钮

4 接口盖

5 AF 模式按钮

6 对焦模式选择器

7 音频 / 视频连接器

8 外置麦克风接口

9 USB 接口

10 HDMI mini-pin 接口

11 配件端子

1 存储卡插槽盖

Nikon D7000数码单反相机使用SD存储卡，同时兼容SDHC卡、SDXC卡。

2 开启闪光灯 / 闪光模式按钮

当闪光灯未弹起时，按此按钮可以打开闪光灯。

3 BTK 包围按钮

按住该按钮并旋转主指令拨盘，可以选择包围序列中的拍摄张数以及照片的拍摄顺序。

4 接口盖

内有高清电视的HDMI mini-pin 接口、配件端子、外置麦克风接口、音频/视频连接器以及USB接口。

5 AF 模式按钮

按下AF 模式按钮并旋转副指令拨盘，直至显示屏中显示所需模式。

6 对焦模式选择器

将开关切换至AF/M，可以选择自动/手动对焦模式。

7 音频 / 视频连接器

用AV线将相机与电视机连接，可以在电视机上观看相机录制的视频。

8 外置麦克风接口

通过将带有立体声微型插头的外接麦克风连接到相机的外接麦克风输入端子，便可录制立体声。

9 USB 接口

连接计算机以查看图像；连接打印机以打印图像。

10 HDMI mini-pin 接口

用HDMI线将相机与电视机连接，可以在电视机上查看图像。

11 配件端子

用来连接附送的连接线等配件。

2.5 Nikon D7000相机背面结构

1 屈光度调节控制器

对于视力不好又不想戴眼镜拍摄的用户，可以通过调整屈光度，以便在取景器中看到清晰的影像。

2 播放按钮

按此按钮时，可切换至查看照片状态。

3 菜单按钮

按此按钮后，可显示Nikon D7000相机的菜单。

4 删除按钮

在选择一幅照片的情况下，连续按两次此按钮即可删除照片。

5 取景器接目镜

用于观察拍摄对象及构图。

6 扬声器

用于在播放视频时播放声音。

7 主指令拨盘

用于改变光圈、快门速度数值，或播放照片。

8 即时取景开关

用于启动/终止即时取景。启动即时取景后，反光板将处于升起状态，此时在取景器中将什么也看不见。

9 视频录制按钮

用于确认开始/停止录制数码短片。

10 AE-L/AF-L 按钮

用于锁定曝光、对焦等，可在"自定义设定"菜单中改变其设置。

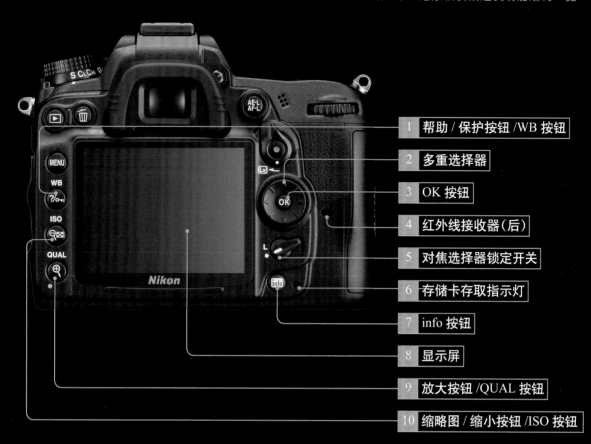

1 帮助 / 保护按钮 /WB 按钮
2 多重选择器
3 OK 按钮
4 红外线接收器（后）
5 对焦选择器锁定开关
6 存储卡存取指示灯
7 info 按钮
8 显示屏
9 放大按钮 /QUAL 按钮
10 缩略图 / 缩小按钮 /ISO 按钮

1 帮助 / 保护按钮 /WB 按钮

按下此按钮可以显示帮助信息，或是保护文件不被删除；按下WB按钮并旋转主指令拨盘，可以选择适合的白平衡。

2 多重选择器

用于选择菜单命令、浏览照片、选择对焦点等。

3 OK 按钮

用于选择或确定当前的操作。

4 红外线接收器（后）

接收遥控器信号。

5 对焦选择器锁定开关

可防止按下多重选择器时所选对焦点改变。

6 存储卡存取指示灯

将存储卡推入插卡槽直至卡入正确位置发出咔嗒声，存储卡存取指示灯将会点亮几秒。

7 info 按钮

按下此按钮时，显示屏中将显示当前的拍摄参数，如光圈、快门速度及感光度等。

8 显示屏

使用显示屏可以设定菜单功能、实时显示图片和短片以及回放图片和短片。

9 放大按钮 /QUAL 按钮

在查看已拍摄的照片时，按此按钮可以放大照片以观察其局部；按下QUAL 按钮并旋转主指令拨盘，可以选择画质品质。

10 缩略图 / 缩小按钮 /ISO 按钮

在查看照片时，按此按钮可以缩小照片；在选择菜单命令或功能时，按此按钮可查看相关的帮助提示；按下ISO 按钮并旋转主指令拨盘，可以调整ISO感光度。

1 内置闪光灯
2 释放模式拨盘
3 相机背带圈
4 释放模式拨盘锁定按钮
5 模式拨盘
6 热靴
7 电源开关
8 快门释放按钮
9 曝光补偿按钮 / 双键重设按钮
10 测光按钮
11 焦平面标记
12 控制面板

1 内置闪光灯

开启后可为拍摄对象补光。

2 释放模式拨盘

若要选择一种释放模式，请按下释放模式拨盘锁定解除按钮，并将释放模式拨盘旋转到相应位置。

3 相机背带圈

用于安装相机背带。

4 释放模式拨盘锁定按钮

在按下此按钮时，才可以转动释放模式拨盘。

5 模式拨盘

选择不同的拍摄模式，以用于拍摄不同的题材。

6 热靴

用于安装外置闪光灯、无线引闪器及GPS等设备。

7 电源开关

用于控制 Nikon D7000 相机的开启及关闭状态。

8 快门释放按钮

半按快门可以开启相机的自动对焦系统，完全按下时即可完成拍摄。当相机处于省电状态时，轻按快门可以恢复工作状态。

9 曝光补偿按钮 / 双键重设按钮

按下该按钮并旋转主指令拨盘，可以选择曝光补偿值；同时按住放大按钮和该按钮两秒以上，可恢复部分相机设定默认值。

10 测光按钮

有三种测光模式供选择：矩阵测光、中央重点测光、点测光。

11 焦平面标记

可以测定拍摄对象和相机之间的距离。

12 控制面板

显示拍摄参数等信息。

2.7 Nikon D7000相机底部结构

1 脚架接孔
2 相机序列号
3 电池仓

1 脚架接孔

用于将相机固定在三脚架或独脚架上。可通过顺时针转动脚架快装板上的旋钮，将相机固定在脚架上。

2 相机序列号

可以在尼康官方网站上查询产品的真伪，也可以采取电话查询方式。

3 电池仓

用于安装和更换锂离子电池。安装电池时，应先移动电池仓盖释放杆，然后打开仓盖。

2.8 Nikon D7000相机控制面板

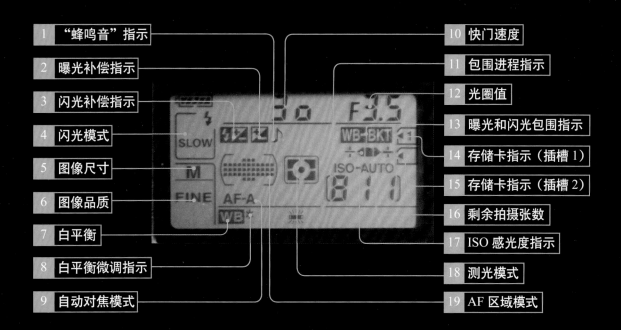

1 "蜂鸣音"指示
2 曝光补偿指示
3 闪光补偿指示
4 闪光模式
5 图像尺寸
6 图像品质
7 白平衡
8 白平衡微调指示
9 自动对焦模式
10 快门速度
11 包围进程指示
12 光圈值
13 曝光和闪光包围指示
14 存储卡指示（插槽1）
15 存储卡指示（插槽2）
16 剩余拍摄张数
17 ISO 感光度指示
18 测光模式
19 AF 区域模式

2.9　Nikon D7000相机显示屏

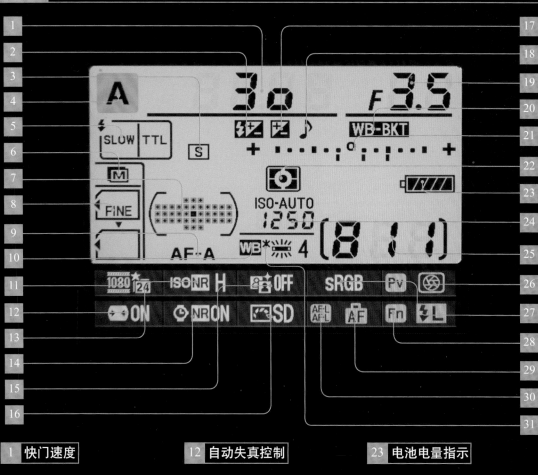

1　快门速度	12　自动失真控制	23　电池电量指示
2　闪光补偿指示	13　高 ISO 降噪指示	24　感光度
3　释放模式	14　长时间曝光降噪指示	25　剩余可拍摄张数
4　拍摄模式	15　动态 D-Lighting 指示	26　景深预览按钮功能指示
5　闪光模式	16　优化校准指示	27　色彩空间
6　图像尺寸	17　曝光补偿指示	28　Fn 按钮功能指示
7　自动区域 AF 指示	18　"蜂鸣音"指示	29　仅 AF 锁定
8　图像品质	19　光圈值	30　AE-L/AF-L 按钮功能指示
9　自动对焦模式	20　曝光和闪光包围指示	31　白平衡微调指示
10　白平衡	21　曝光指示	
11　视频品质	22　测光模式	

第3章
了解尼康相机强大的曝光功能

3.1 光圈

光圈的概念

光圈是由多片很薄的金属叶片组成的,可以通过扩大或缩小来控制进入镜头的光量。

同一时间内,光圈越大,进入相机的光线越多,所拍摄出来的照片越明亮;反之,进入相机的光线越少,所拍摄出来的照片越暗淡。

虽然我们是在相机上设置光圈,但实际上它是由镜头提供的参数,即镜头所支持的光圈。例如,尼康AF 50mm F1.8D的最大光圈是F1.8,我们不可能设置比它还大的光圈。

⬆ 光圈示意图。

📷 50mm F1.4 1/50s ISO100

📷 50mm F1.6 1/50s ISO100

📷 50mm F1.8 1/50s ISO100

📷 50mm F2 1/50s ISO100

📷 50mm F2.2 1/50s ISO100

📷 50mm F2.5 1/50s ISO100

从照片中可以看出,其他条件不变,光圈越小,照片越暗。

光圈值及光圈在镜头上标识的意义

光圈的大小用F（f）数值来表示，通常以F1.4、F2、F2.8、F4、F5.6、F8、F11、F16、F22等数值来标记。

F系数的计算公式为：F＝镜头焦距/光孔直径，因此，对同一焦距的镜头来说，F系数的值越小，表示相机进光孔直径越大；反之，F系数的值越大，则表示相机进光孔直径越小。这意味着在相同时间内，光圈值为F2时相机的进光量大于光圈值为F4时的进光量。

对于摄影师而言，不仅要知道光圈值对于实际摄影的意义，即光圈大、进光量多，光圈小、进光量少。此外，还要明白光圈在镜头中是如何标识的。

通常在镜头上光圈值有两种标识方式，一种是固定数值，如AF-S NIKKOR 85mm 1:1.8G、AF-S NIKKOR 85mm 1:1.4G、AF-S NIKKOR 200mm 1:2G II ED、AF-S NIKKOR 14-24mm 1:2.8G ED，这表明这些镜头具有恒定大光圈，无论使用哪一个焦段进行拍摄，这些镜头的最大光圈都能够达到标识中的数字。这样的镜头通常比较贵，而且光圈越大越贵，例如AF-S NIKKOR 85mm 1:1.4G的价格达到了12000元。

4只具有恒定大光圈的镜头。

另一些镜头上的数字是一个范围，如AF-S NIKKOR 18-105mm 1:3.5-5.6G ED、AF-S NIKKOR 55-200mm 1:4-5.6G ED、AF-S NIKKOR 70-300mm 1:4.5-5.6G，这表明这些镜头的最大光圈值是浮动的（可以称为非恒定光圈镜头）。以AF-S NIKKOR 70-300mm 1:4.5-5.6G为例，当使用镜头的近焦段70mm拍摄时，其最大光圈只能达到F4.5，而当使用镜头的远焦段300mm拍摄时，其最大光圈只能达到F5.6。

除了上面所提到的各个镜头的最大光圈外，对于各款镜头的最小光圈也要有所了解，这个数值并没有在镜头中标出，一般镜头的最小光圈可以达到F22甚至F32，这个数值的实际意义不大，因为使用如此小的光圈通常会由于光线的衍射问题，导致画面的质量较差，因此，各款镜头的最小光圈了解一下即可。

4只具有浮动光圈的镜头。

了解镜头的最佳光圈

基本上每一款镜头都有一个最佳光圈值，如果使用这个光圈值进行拍摄，得到的画面质量最佳。这个光圈值通常不是镜头的最大光圈，更不是最小光圈，而是介于两者之间的数值。使用最佳光圈能够将镜头的性能发挥到极致，所拍摄出来的画面质感细腻，画质出色。

一般情况下，对于恒定光圈的镜头而言，最佳光圈是比最大光圈小2挡的光圈。例如，一款最大光圈为F2.8的镜头，通常最佳光圈是F5.6左右。

虽然使用最佳光圈拍摄时画面的质量出色，但由于光圈较小，因此拍摄时不太可能出现既兼顾最佳画质，又兼顾最佳虚化效果的情况。

⬆ 使用最佳光圈拍摄的照片，无论是画质还是色彩均是最佳。

光圈大小的通俗界定方法

无论是看摄影教学类书籍，还是在网上看帖子，谈到光圈时通常以大光圈、小光圈、中等光圈等概念来统称，实际上就是光圈大小的通俗界定方法。

通常，摄影界将F5.6以下的光圈称为大光圈，如F5.6、F4.5、F4.0、F3.2、F2.8、F2.0、F1.4、F1.2等；将F6.3~F9.0之间的光圈称为中等光圈，如F6.3、F7.1、F8.0、F9.0等；如果光圈在F10.0以上，则统称为小光圈，如F10.0、F11.0、F13.0、F16.0等。

光圈的作用

光圈的作用可以归纳为以下3点。

● 调节进光量：这是光圈的基本作用，光圈越大，进光量越多；光圈越小，进光量越少。用户可以通过光圈与快门速度的配合来控制曝光。

● 调节景深：这是光圈的重要作用，光圈越大，景深越小（背景虚化越明显）；光圈越小，景深越大（背景虚化越不明显）。虽然影响景深的因素不止光圈一个，但光圈是其中比较重要的影响因素之一。下面这一组照片展示了当光圈变化时景深的变化效果。

● 影响成像质量：任何一款相机镜头，都有某一挡光圈的成像质量是最好的，受各种像差影响最小，这挡光圈俗称"最佳光圈"。一般而言，将最大光圈收缩2挡或3挡即为最佳光圈。很显然，将相机的光圈设置为最佳光圈，能够大幅度提高拍摄出好照片的概率。

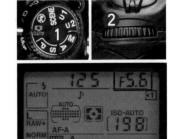

Nikon D7000**光圈的设置方法**：
在选择光圈优先模式或手动模式时，可以转动副指令拨盘调节光圈值。

📷 50mm F4.5 1/6s ISO100

📷 50mm F4 1/8s ISO100

📷 50mm F3.5 1/10s ISO100

📷 50mm F3.2 1/13s ISO100

📷 50mm F2.8 1/15s ISO100

📷 50mm F2.5 1/20s ISO100

光圈逐渐变大时，背景虚化效果也逐渐明显。

3.2 景深

景深的概念

简单来说，景深就是指合焦拍摄景物前后的清晰范围。

如果一张照片的清晰范围很大，则该照片就是一张大景深的照片，风光、建筑、纪实等类型的照片景深通常都比较大。

清晰范围很小的照片称为小景深照片，常见的人像、花卉、鸟类及动物等摄影题材由于需要突出主体，通常需要虚化背景，因此照片的景深都比较小。

下面这一组照片清晰地展示出当一张照片景深变化时，整体画面清晰范围的变化。

📷 100mm F2.8 1/13s ISO100

📷 100mm F3.5 1/8s ISO100

📷 100mm F4.5 1/5s ISO100

📷 100mm F5.6 1/3s ISO100

📷 100mm F7.1 1/2s ISO100

📷 100mm F9 0.8s ISO100

📷 100mm F11 1.3s ISO100

📷 100mm F18 3.2s ISO100

这组照片在拍摄时合焦位置是第一辆汽车的左侧大灯处，对比所有照片可以看出，当被摄景物位于镜头焦点位置时，景物的清晰度最高。而离开焦点的距离越远，影像的清晰度也就越低。

影响景深的4个因素

光圈

光圈与景深的关系是成反比的。光圈越大，景深越小；光圈越小，景深越大。如光圈F8呈现出的景深范围要小于光圈F11所呈现出的景深范围。

光圈对景深的影响，从前面的示例图中已经能够清晰地看出来，故在此不再举例。

焦距

　　焦距与景深的关系也是成反比的。焦距越长，景深越小；焦距越短，景深越大。如焦距为35mm的镜头所呈现的景深范围要大于焦距为100mm的镜头。

 可以看出，焦距焦段短的右图景深明显很小。

📷 24mm F5 1/800s ISO200　　　　　　📷 200mm F5 1/800s ISO200

拍摄距离

　　拍摄距离与景深的关系则是成正比的。拍摄距离越远，景深越大；拍摄距离越近，景深越小。如拍摄距离为10m的景深范围要大于拍摄距离为2m所呈现出的景深。

 可以看出，左图拍摄时距离模特较远，右图距离模特较近，拍摄的画面景深较小。

📷 50mm F5 1/800s ISO200　　　　　　📷 50mm F5 1/800s ISO200

背景与拍摄对象之间的距离

背景与拍摄对象之间的距离越大，画面的景深就会显得越小，即虚化的程度越强，反之，画面则容易呈现大景深的效果。

⬆ 背景与模特之间距离较大，因此得到很浅的景深效果。

在拍摄时，可以通过变换角度的方式，尽可能拉大拍摄对象与背景之间的距离，以获得更浅的景深。

当然，上述拍摄技巧也同样适用于要增加前景虚化效果的情况。

➡ 背景与模特之间几乎没有距离，因此拍摄得到的画面显得景深非常大，每个景物都是清晰的。

 85mm F2.2 1/160s ISO100

小景深的技术特点与适用范围

通过前文对影响景深的各种因素的分析可知，如果要拍摄出小景深的画面，可以通过使用长焦镜头、较大光圈和进行近距离拍摄等技术手段来实现。

由于小景深画面清晰范围较小，能够较好地实现主体清楚而背景模糊的画面效果，因此比较适合拍摄人像、静物和微距等题材。

利用小景深虚化了不必要的画面元素，使需要表现的水珠在画面中更突出。

📷 40mm F8 1/60s ISO200

大景深的技术特点与适用范围

同样，通过前面对影响景深的各个因素的分析也可以总结出来，如果要拍摄出大景深的画面，可以使用广角镜头、较小的光圈或进行远距离拍摄。

由于大景深照片的清晰范围较大，画面上的所有景物都能清晰再现，所以比较适合风光摄影、纪实摄影、建筑摄影和夜景摄影等。

利用大景深表现群山景象，更能衬托其开阔、雄伟的气势。

📷 17mm F16 1/800s ISO200

什么是景深预测

所谓景深预测就是在取景器中预览不同光圈所带来的不同景深效果。

因为现代单反相机均采用全开光圈式的取景系统，在取景器或显示屏中看到的画面是相机在使用最大光圈的情况下得到的效果。例如，当以最大光圈F2.8的镜头拍摄人像时，即使拍摄时使用的是F8这样的小光圈，通过取景器看到的画面实际上也还是使用F2.8时的效果，因此在取景时所看到的景深未必就是实际曝光时的景深。

我们可通过使用相机上的景深预览按钮来解决这一问题，使我们在拍摄时能够从取景器中直观地看到当前光圈下所呈现的实际景深效果。

⬆ 景深预览按钮，拍摄前按下该按钮可预览所拍摄画面的景深效果。

⬆ 右图是使用中等光圈拍摄的照片，可以看出背景虚化并不明显，但如果不使用景深预览功能进行查看，则在取景器中的效果会类似于左图所示的相机全开光圈情况下拍摄的效果，因此使用景深预览功能可以在拍摄前正确预测照片景深。

3.3　快门

快门的概念

快门是数码单反相机中非常重要的一个组件，可用来控制曝光时间的长短，而这段曝光的时间实际上也就是快门速度，其速度越快（快门速度值越小），曝光时间越短，曝光量越少，照片就越暗；速度越慢（快门速度值越大），曝光时间越长，曝光量越多，照片就越亮。

50mm　F1.4　1/50s　ISO100

50mm　F1.4　1/40s　ISO100

50mm　F1.4　1/30s　ISO100

50mm　F1.4　1/25s　ISO100

50mm　F1.4　1/20s　ISO100

50mm　F1.4　1/15s　ISO100

从照片中可以看出，其他条件不变，快门时间变长，照片逐渐变亮。

快门速度及其表示方法

如前所述，快门速度是指快门开启时间的长短，它控制相机感光元件的曝光时间。数码单反相机的快门速度通常标示为1、2、4、8、15、30、60、125、250、1000、2000、4000、8000，其实际意义是指1s、1/2s、1/4s、1/8s、1/15s、1/30s、1/60s、1/125s、1/250s、1/1000s、1/2000s、1/4000s、1/8000s，因此数值越大，快门开启的时间越短，进光量也越少。在实际拍摄时，摄影师可以根据需要来调整快门速度以获得想要表现的画面效果，相机预设的快门速度通常在1/8000~30s之间。

快门速度不仅影响进光量，还会影响成像清晰度。例如，在拍摄运动物体时，应该使用高速快门拍摄，若此时错误地使用低速快门拍摄，将会导致照片中的动态景物模糊。

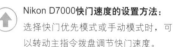

⬆ **Nikon D7000快门速度的设置方法：** 选择快门优先模式或手动模式时，可以转动主指令拨盘调节快门速度。

影响快门速度的因素

影响快门速度的因素主要有以下3个。

● 感光度：感光度每增加1倍（如从ISO100增加到ISO200），感光元件对光线的敏锐度会随之增加1倍，同时，快门速度会随之提高1倍。

● 光圈：光圈每提高1挡（如F4到F2.8），快门速度随之提高1倍。

● 曝光补偿：曝光补偿数值每增加1挡，由于需要更长时间的曝光来提亮照片，因此快门速度将降低1倍；反之，曝光补偿数值每降低1挡，由于照片不需要更多的曝光，因此快门速度可以提高1倍。

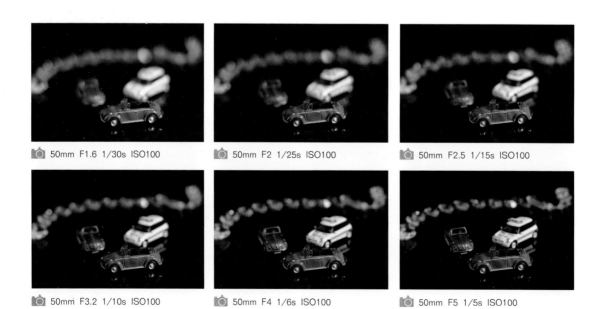

📷 50mm F1.6 1/30s ISO100　📷 50mm F2 1/25s ISO100　📷 50mm F2.5 1/15s ISO100

📷 50mm F3.2 1/10s ISO100　📷 50mm F4 1/6s ISO100　📷 50mm F5 1/5s ISO100

⬆ 从这一组图可以看出，如果要维持总体曝光量不变，当光圈变小时，快门速度就会变慢，反之，则会变快。

安全快门速度

　　简单来说，安全快门速度是人在手持拍摄时能保证画面清晰的最低快门速度。这个快门速度与镜头的焦距有很大关系，即手持相机拍摄时，快门速度应不低于焦距的倒数，比如当前焦距为200mm，拍摄时的快门速度应不低于1/200s。

　　需要注意的是，对类似Nikon D7000这种APS-C画幅的相机而言，在计算安全快门速度时，乘以换算系数1.5。例如，对于50mm标准镜头而言，装接在Nikon D7000上换算后的焦距为75mm，因此，其安全快门速度应为1/75s，而不是1/50s。

由于使用长焦镜头拍摄鸟儿，为了得到清晰的画面，需将快门速度设置得高些。

400mm F8 1/1500s ISO640

3.4 感光度

感光度的概念

数码相机的感光度概念是从传统胶片感光度引入的，它是用各种感光度数值来表示感光元件对光线的敏锐程度，即相同条件下，感光度越高，获得光线的数量也就越多，拍摄出来的照片也就越亮。但要注意的是，感光度越高，产生的噪点就越多，而低感光度画面则清晰、细腻，细节表现较好。

以Nikon D7000相机为例，它作为APS-C画幅相机，在感光度的控制方面非常优秀。其常用感光度范围为ISO100~ISO6400，并可以向上扩展至Hi2（相当于ISO25600），在光线充足的情况下，一般使用ISO100~ISO200即可。

 Nikon D7000感光度的设置方法：
按下ISO键，然后转动主指令拨盘即可调节ISO感光度的数值；在光圈优先模式下，转动主指令拨盘可以调节ISO感光度的数值；在快门优先模式下，转动副指令拨盘可以调节ISO感光度的数值。

📷 50mm F3.2 1/20s ISO100

📷 50mm F3.2 1/20s ISO125

📷 50mm F3.2 1/20s ISO160

📷 50mm F3.2 1/20s ISO200

📷 50mm F3.2 1/20s ISO250

📷 50mm F3.2 1/20s ISO300

 从照片中可以看出，其他条件不变，感光度提高，照片逐渐变亮。

　　如前所述，虽然感光度提高后，能够提高快门速度，相机的影像传感器感光越敏感，但同时图像的画质也会随着感光度的升高而降低，下面通过一组照片进行对比说明。

📷 50mm F1.4 1/40s ISO100

📷 50mm F1.4 1/250s ISO500

📷 50mm F1.4 1/250s ISO640

📷 50mm F1.4 1/320s ISO800

📷 50mm F1.4 1/500s ISO1000

📷 50mm F1.4 1/640s ISO1250

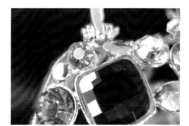

📷 50mm F1.4 1/800s ISO1600

 从照片中可以看出，感光度越高，另外一个曝光参数会发生变化，虽然整体曝光效果差不多，但画质差很多。

ISO感光度的设置原则

感光度的总体设置原则是在快门速度能够达到要求的情况下，尽量使用较低的感光度。

在条件允许的情况下，中端尼康相机建议采用基础感光度中的最低值，即ISO100。这样可以在最大程度上保证得到较高的画质。感光度最大值不能超过800，否则就会出现明显的噪点。

对于高端尼康相机如D700、D800而言，虽然最高感光度数值得到极大提升，但使用时最高感光度也不宜超过1600，否则画质就会因为噪点增多，显得非常差。

在光线充足的环境下拍摄，设置较低的感光度，得到细致的画面效果。
50mm F4 1/800s ISO100

需要特别指出的是，分别在光线充足与不足的环境中拍摄时，即使是设置相同的ISO感光度，在光线不足的环境下拍摄的照片也会产生较多的噪点，如果此时再使用较长的时间曝光，那么就更容易产生噪点。因此，在弱光环境下拍摄时，更需要设置低感光度，并配合高感光度降噪和长时间曝光降噪功能来获得较高的画质。

当然，低感光度的设置，尤其是在光线不足的情况下，可能会导致快门速度很低，在手持拍摄时，很容易由于抖动而导致画面模糊。此时，应该果断地提高感光度，即优先保证能够成功完成拍摄，然后再考虑高感光度给画质带来的损失。因为画质损失可通过后期处理来弥补，而画面模糊则意味着拍摄失败，是无法补救的。

第4章

了解尼康相机的高级曝光
技巧

4.1 解析曝光技巧

理解曝光的含义

摄影是光与影的艺术，没有光，世界将是一片黑暗，摄影也无从谈起，光与影的结合使摄影表现出来的世界精彩无比。

摄影师是控制光与影的魔术师。一个好的摄影师对于光线必须有敏感的神经，这其中包括发现光线与控制光线，正是这两种能力使摄影大师能够完成一幅幅现实的甚至超现实的杰作，这也正是本书希望揭示的光与影的奥秘。

这张照片无论是用光还是用色都很不错，首先利用小光圈使远景的树也非常清晰，天空的云彩与地面的花丛在色彩方面相互协调、搭配，整个画面虚实得当、色彩丰富、光影精妙。

📷 17mm F13 0.6s ISO100

无疑，光线就在那里。对于摄影师而言，不仅要有能力发现精妙的光线，更要有能力控制光线，这种控制不是改变光线自身，而是通过摄影技术手段，改变光线影响画面的效果。例如，在阴天拍摄时，通过提高感光度与曝光补偿，使照片看上去像是在晴朗的天气条件下拍摄；又如，在清晨拍摄时，通过改变白平衡使冷调的画面变为暖调的画面。

而要具有上述能力，必须掌握本章讲解的各种有关尼康相机的曝光技巧。

尼康相机的宽容度

在数码摄影领域中，"宽容度"通常也称为"曝光宽容度"或者"动态范围"，指感光元件能够真实、准确记录下来的景物亮度反差的最大范围，此参数反映了相机能够同时记录同一场景最亮的高光区域和最黑的暗部区域细节的能力。当相机能够同时保证明亮的光照区域及较暗的阴影区域曝光正确时，则表明相机感光元件的宽容度较大。

通常全画幅的相机宽容度比APS-C画幅的相机宽容度高，而APS-C画幅的相机宽容度又比家用小数码相机宽容度高。所以，面对蓝天白云、金色落日的美景，如果不考虑拍摄的技术，使用家用小数码相机拍摄时，画面可能大部分都是一片白色，而使用APS-C画幅的相机如D90、D7000拍摄时，画面会显示一定的细节，但还会出现局部过亮的情况，但使用的如果是D700、D800这样的高端全画幅相机，则画面中过亮的区域就会比较少，画面会显示出大面积的细节。

换言之，全画幅相机的宽容度很高，感光元件性能很强，能够将环境中极暗、极亮景物的细节都表现出来，APS-C画幅相机的宽容度次之，家用小数码相机的宽容度则最差。这也是为什么全画幅相机比APS-C画幅相机贵，而APS-C画幅相机又比家用小数码相机贵的原因之一。

数码相机拍摄，大部分过亮。

APS-C画幅相机拍摄，有些局部过亮。

全画幅相机拍摄，过亮区域较少。

曝光三要素间的关系

摄影中控制曝光的三要素就是前面已经分别讲解过的光圈、快门和感光度，拍摄时光圈值与快门速度决定进入相机的光线量，同时与感光度的大小，决定照片的最终曝光度。

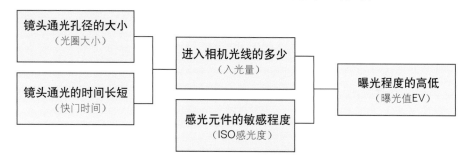

曝光三要素之间具有密不可分的关系，在维持总体曝光量不变的前提下，这三者呈现此消彼长的关系。

假设拍摄一张图片时曝光参数组合是F2.8、1/200s、ISO200。

在光圈数值保持不变的前提下，如果要改变快门速度，可以通过提高或降低感光度达到目的。例如，要将快门速度提高1倍（变为1/400s），则可以将感光度提高1倍（变为ISO400），即F2.8+1/200s+ISO 200＝F2.8+1/400s + ISO 400。

同理，如果要改变光圈值而保证快门速度不变，可以通过调整感光度数值来实现。例如，要缩小2挡光圈（变为F5.6），则可以将ISO感光度数值提高2倍（变为ISO800），即F2.8+1/200s+ISO200＝F5.6+ 1/200s + ISO800。

如果要改变光圈值而保证感光度不变，同样可以通过调整快门速度数值来实现。例如，要将光圈值缩小2挡（变为F5.6），就需要将快门速度增加2挡（变为1/50s），即F2.8+1/200s+ISO200＝F5.6+1/50s+ISO200。

需要特别指出的是，虽然光圈、快门、感光度三者在控制曝光时，可以相互转换使照片正确曝光，但是三者数值的变化会对拍摄的效果产生影响。

例如，拍摄瀑布时，使用的两组能够得到相同曝光量的曝光组合F1.4+1/1000s+ISO400与F22+1s+ISO100。但从拍摄效果来看，如果使用1/1000s高速快门拍摄，可以拍摄到飞溅起的水花；而使用1s的低速快门拍摄时，拍摄得到的则是如丝一般的瀑布水流。另外，使用大光圈F1.4拍摄时，背景中的树木都呈现出虚化的效果；而使用F22拍摄时，由于光圈很小，因此画面的景深很大，背景中的树木都是清晰的。

4.2 利用直方图检视曝光效果

理解直方图的定义

直方图是照相机曝光所捕获的影像的色彩或影调的图示，是一种关于曝光的指示图标。

通过查看直方图所呈现的效果，可以帮助拍摄者判断曝光的质量，以此做出相应调整，以得到最佳曝光。直方图横纵两轴分别代表亮度等级（左侧暗，右侧亮）和像素分布状况，两者共同反映出所拍摄图像的曝光量和整体色调。

Nikon D7000直方图的设置方法：在机身上找到 ▶ 按钮，按下播放照片，然后按 ▲ 或 ▼ 按钮，即可显示照片的直方图。

直方图

过曝、欠曝光及曝光正确的直方图

直方图最左边代表画面最暗的区域，最右边代表画面最亮的区域，其整体宽度表现传感器能捕捉到的色调整体范围。超出左边线条的部分在画面中显示为纯黑，因为它超出了传感器的感知范围，所以在这片阴影区域不会记录任何信息，这被称为暗调溢出。

超出右边线条的部分在画面中显示为纯白，同样是因为其超出传感器范围，在高光区域也不会记录任何信息，这被称为高光溢出。

当拍摄的照片曝光不足时，直方图的右侧显示的线条就比较少或者不显示线条，而大部分线条偏向于图像左侧；当拍摄的照片曝光过度时，会产生相反的情况，直方图的左侧显示的线条较少甚至不显示线条。

而一幅曝光正确的照片，在整个直方图的横向区域中，线条会均匀分布，暗调、亮调溢出较少或根本无溢出。

直方图偏左且溢出，代表画面曝光不足。

35mm F7.1 1/80s ISO200

直方图右侧溢出，代表画面中高光处曝光过度。

35mm F6.3 1/50s ISO500

曝光正常的拍摄效果，画面明暗适中，色调分布均匀。

85mm F3.5 1/125s ISO100

中间调照片的直方图

照片的理想直方图其实是相对的，它根据不同的图片形式有不同的形状。以均匀照度下、中等反差的景物为例，正确曝光的照片柱状图的两端没有溢出，线条均衡分布。下面以实际图例进行分析。

均匀型

直方图均匀型图片，无论暗部、中间灰还是亮部都在柱状图中分布均匀。

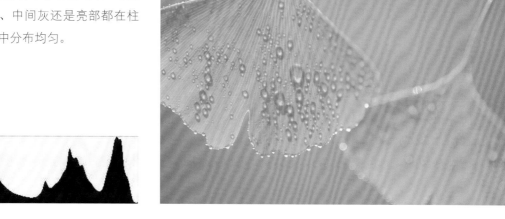

低反差照片的直方图

山形直方图是整个图片中灰调占了很大比例，暗部和亮部不是很突出。在直方图中表示为中间隆起。

高反差照片的直方图

U型则是亮部和暗部所占比例较大，中间的灰层次比较少。在直方图中表示为两边溢出。

高调照片的直方图

高调效果的画面在直方图中显示为右侧没有溢出，由此可见画面的细节还是很丰富的，当然不排除有直方图右侧溢出但追求高调效果的画面。

低调照片的直方图

低调照片的直方图中，像素基本集中在横轴的左侧，如果拍摄的是夜景、日落或其他低沉的摄影题材，则直方图类似于此。

4.3 包围曝光

包围曝光的作用1——多拍优选

包围曝光功能的作用之一，就是当不能确定当前的曝光是否准确时，为保险起见，使用包围曝光功能（按3次快门或使用连拍功能）拍摄增加曝光量、正常曝光以及减少曝光量3种不同曝光结果的照片，然后再从中选择比较满意的照片。

因此，包围曝光是一种提高出片的拍摄技法，特别适合于以多拍优选方法出片的摄影爱好者。

尼康相机设置包围曝光的操作步骤如下。

STEP 01 在设置拍摄照片的张数时，可以有多种选择，例如向右旋转主指令拨盘时，可以选择3张、5张、7张和9张，从而最多获得4EV的欠曝或过曝；如果向左旋转主指令拨盘，可以选择对2张或3张照片进行欠曝或过曝的处理。

STEP 02 如果设置为-3F，就可以拍摄得到1张曝光正常和2张曝光不足的照片；如果选择+2F，则可以拍摄得到1张曝光正常和1张曝光过度的照片。

STEP 03 设置完成后，结果会显示在控制面板上，左右的"+"和"-"符号也会闪烁以提示设置成功。如果要取消包围曝光，则转动主指令拨盘将拍摄张数设置为0即可。

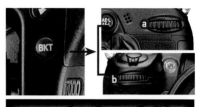

⬆ 按下BKT按钮，转动主指令拨盘🔄可以调整拍摄的张数（a）；转动副指令拨盘可以调整包围曝光的范围（b）。例如，如果将当前的曝光补偿设置为0，则按上图所示的参数进行设置后，拍摄时分别可以得到-2.0曝光补偿、不进行曝光补偿及+2.0曝光补偿3张照片。

曝光过度EV+0.7

曝光正常EV+0

曝光不足EV-0.7

⬆ 拍摄这种带有白色羽毛的鸟类时，很容易出现曝光问题。这3幅照片即是设置包围曝光补偿量为0.7时所拍摄的照片，大图为增加0.7挡曝光量所拍摄片，使其曝光看起来较为自然，但局部有些曝光过度；而正常曝光时的画面偏灰暗，此时可以根据需要进行选择。

包围曝光的作用2——为HDR照片拍摄素材

在风光、建筑摄影中，使用包围曝光功能拍摄到不同曝光结果的照片。

还可以进行后期的HDR合成，得到高光、中间调及暗调都充满丰富细节的照片。

⬆ 曝光正常。

⬆ 曝光不足。

⬆ 曝光过度。

⬆ 通过后期处理得到的 HDR 照片。

4.4 曝光补偿

曝光补偿的概念及表示方法

曝光补偿是指在现有曝光结果的基础上进行曝光（也可以直观理解成亮度）的增减。通常用类似"EV±n"的方式来表示。"EV"是指曝光值，"EV+1"是指在自动曝光基础上增加1挡曝光；"EV−1"是指在自动曝光基础上减少1挡曝光，依此类推。以Nikon D7000为例，其曝光补偿范围为−5.0～+5.0，可以设置以1/3挡为单位对曝光进行调整。

Nikon D7000曝光补偿的设置方法：

按下曝光补偿按钮，然后转动主指令拨盘即可在控制面板上调整曝光补偿数值。

正确理解曝光补偿

许多摄影初学者在刚接触曝光补偿时，以为使用曝光补偿可以在曝光参数不变的情况下，提亮或加暗画面，这是错误的。

实际上，曝光补偿是通过改变光圈与快门速度来提亮或加暗画面的，下面通过一组照片及其拍摄参数来佐证这一点。即在光圈优先曝光模式下，如果提高曝光补偿，相机实际上是通过降低快门速度实现的，反之，则提高快门速度；在快门优先曝光模式下，如果提高曝光补偿，相机实际上是通过增大光圈实现的（直至达到镜头所标识的最大光圈），反之，则缩小光圈。

在此，需要特别指出的是，在快门优先曝光模式下提高曝光补偿，由于是通过加大光圈来实现的，因此，当光圈达到镜头所标识的最大光圈时，曝光补偿就不再发生作用。

📷 50mm F3.2 1/13s ISO100 EV-0.7

📷 50mm F3.2 1/8s ISO100 EV-0.3

📷 50mm F3.2 1/6s ISO100 EV0

📷 50mm F3.2 1/4s ISO100 EV+0.3

⬆ 从照片中可以看出，在光圈优先曝光模式下，改变曝光补偿，实际上是改变了快门速度。

4.5 多重曝光

多重曝光是指将多张照片的曝光结果合并成为一张照片，这有些类似于Photoshop中的图像融合功能，通过这样的方式，可以将画面中需要使用不同曝光参数进行曝光的对象，分别拍摄出来，然后此功能会自动将它们拼合在一起。

下面将以拍摄月亮为例，详细介绍设置多重曝光的方法。

STEP 01 在"拍摄"菜单中选择"多重曝光"选项，然后选择"多重曝光模式"选项，选择"关闭"选项将关闭此功能；选择"开启（一系列）"选项，则连续拍摄多组多重曝光照片；选择"开启（单张照片）"选项，则拍摄完一组多重曝光照片后会自动关闭"多重曝光"功能。

STEP 02 选择"拍摄张数"选项，按下多重选择器中的▶按钮，再按下▲或▼按钮，设置多重曝光的拍摄张数为2即可。

STEP 03 在"自动增益补偿"设置界面中选择"开启"选项，可以根据实际记录的拍摄张数调整增益补偿；选择"关闭"选项，则在记录多重曝光时不会调整增益补偿，背景较暗时推荐使用该选项。

STEP 04 设置完毕后，即可应用"多重曝光"功能。第1张照片可以用镜头的中焦或广角端拍摄画面的全景，当然画面中不要出现月亮图像，但要为月亮图像留出一定的空白位置。

STEP 05 在拍摄第2张照片时，使用镜头的长焦端对月亮进行构图并拍摄，即可获得具有丰富细节的月亮画面。

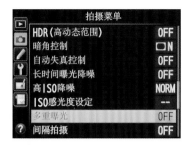

STEP 01 在**拍摄**菜单中选择**多重曝光**选项。

STEP 02 选择**多重曝光模式**选项并按下OK按钮对其进行设置。

STEP 03 按下▲或▼按钮可选择是否开启此功能以及是否连续拍摄多组多重曝光照片。

STEP 04 若在(2)中选择**拍摄张数**选项，按下▲或▼按钮可选择拍摄张数。

STEP 05 若在(2)中选择**自动增益补偿**选项，按▲或▼按钮可选择**开启**或**关闭**选项。

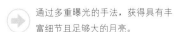

通过多重曝光的手法，获得具有丰富细节且足够大的月亮。

300mm F11 1/800s ISO640

多重曝光技术除了可以给风景图片增加画龙点睛的一笔之外，还可以使人像和花卉摄影图片更加柔美。

STEP 01 使用前面的操作方法，使用三脚架固定相机后，拍摄第1张清晰的花卉图片。

STEP 02 保证相机位置没有发生变化的情况下，拍摄第2张有点模糊的花卉图片（把相机调节成手动对焦，旋转对焦环使人物脱焦）。

STEP 03 最后相机合成出来的柔美花卉图片。

4.6 色温与白平衡

理解色温

色温的概念不能从字面上理解，它并不是"色的温度"。色温是用来表示光源光谱成分的通用指标。例如，钨丝灯所发出的光由于色温较低而表现为黄色调，不同路灯会发出不同颜色的光，天然气的火焰是蓝色的，原因是其色温较高。正午阳光直射下的色温约为5600K，阴天更接近室内色温3200K，日出或日落时的色温约为2000K，烛光的色温约为1000K。

⬆ 色温较低的情况下拍摄出暖调的照片。
📷 24mm F9 1/100s ISO200

⬆ 色温较高的情况下拍摄出冷调的照片。
📷 17mm F16 1/100s ISO200

理解白平衡

白平衡是相机提供的确保拍摄时被拍摄对象的色彩不受光源色彩影响的一种设置。需要设置白平衡是由于在人眼看来，同样是白色，在日光下与钨丝灯下都是一样的，但是相机记录下来的画面则会出现很大的不同，这是因为这两种光线的颜色的色温是不同的，而数码相机则能够忠实地记录下来两种光线照射下画面颜色的变化，通常是日光下的画面稍微偏蓝，而钨丝灯下的画面稍微偏黄。

所以在拍摄时需要针对拍摄现场光源色温来设置白平衡，让被摄体的色彩能准确地反映在照片上。

色温与白平衡的关系

从某种程度上来说，白平衡是色温的俗称，例如，对于晴天白平衡而言，对于相机来说实际上就是指色温5200K；对于阴天白平衡而言，对于相机来说实际上就是指色温6000K。

尼康相机白平衡模式的使用

尼康数码单反相机可供选择的白平衡模式一般有以下8种，下面通过一张表来对其进行讲解。

选　项		色　温	说　明
AUTO自动	标准	3500～8000K	相机自动调整白平衡。为了获得最佳效果，请使用G型或D型镜头。若使用内置或另购的闪光灯，相机将根据闪光灯闪光的强弱调整效果
	保留暖色调颜色		
☀白炽灯		3000K	在白炽灯灯光下使用
※荧光灯	钠汽灯	2700K	在钠汽灯照明环境（如运动场所）下使用
	暖白色荧光灯	3000K	在暖白色荧光灯照明环境下使用
	白色荧光灯	3700K	在白色荧光灯照明环境下使用
	冷白色荧光灯	4200K	在冷白色荧光灯照明环境下使用
	昼白色荧光灯	5000K	在昼白色荧光灯照明环境下使用
	白昼荧光灯	6500K	在白昼荧光灯照明环境下使用
	高色温汞汽灯	7200K	在高色温光源（如水银灯）照明环境下使用
☀晴天		5200K	在拍摄对象处于直射阳光下时使用
⚡闪光灯		5400K	在使用内置或另购的闪光灯时使用
☁阴天		6000K	在白天多云时使用
⌂背阴		8000K	在白天拍摄对象处于阴影中时使用
K选择色温		2500～10000K	从列表值中选择色温
PRE　手动预设		—	使用拍摄对象、光源或现有图片作为白平衡的参照

下面通过一组照片展示在拍摄同一场景时使用不同的白平衡模式所得到的不同效果。

⬆ 自动白平衡。

⬆ 白炽灯白平衡。

⬆ 荧光灯白平衡。

⬆ 晴天白平衡。

⬆ 闪光灯白平衡。

⬆ 阴天白平衡。

⬆ 背阴白平衡。

⬆ 选择色温为2500K。

手动选择色温

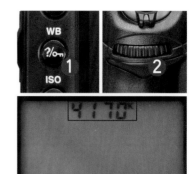

为了应对复杂光线环境下的拍摄需要，尼康的中高端相机提供了手选色温的功能。以Nikon D7000相机为例，摄影师可以在2500～10000K的范围内选择不同的色温值，以应对光线较为复杂的拍摄环境。设置色温时，可以通过右侧展示的步骤完成操作，也可以利用下面展示的菜单完成操作。

 按下WB按钮，转动主指令拨盘选择色温白平衡，再转动副指令拨盘即可调整色温值。

STEP 01 选择**拍摄**菜单中的**白平衡**选项。

STEP 02 按下▲或▼按钮选择**选择色温**选项。

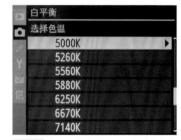

STEP 03 按下▲或▼按钮即可在列表中选择不同的色温。

通过手调色温的白平衡设置方式，使画面的色彩还原效果更加可控、精细。

50mm F3.2 1/200s ISO200

自定义白平衡

以Nikon D7000为例的尼康相机提供了非常方便、易用的自定义白平衡功能，其作用就是可以根据当前场景的色温设置对应的白平衡，从而更有针对性地还原拍摄对象的色彩。

在自定义白平衡之前，要先进行一系列标准的设置，其操作流程如下。

STEP 01 按下WB按钮，然后转动主指令拨盘选择自定义白平衡模式PRE。

STEP 02 按下机身上的WB按钮1.5s左右，相机的控制面板中将开始闪烁，此时即表示可以进行自定义白平衡操作了。

STEP 03 在机身上将对焦方式切换至M（手动对焦）方式。

STEP 04 找到一个白色物体，然后按下快门拍摄一张照片，且要保证白色物体应充满中央的点测光圆（即中央对焦点所在位置的周围）。拍摄完成后，控制面板中将显示GOOD字样，表示自定义白平衡完成，且已经被应用于相机。

STEP 01 切换至自定义白平衡模式。

STEP 02 按住WB按钮。

STEP 03 切换至手动对焦模式。

STEP 04 显示自定义白平衡成功的控制面板。

在阴天拍摄人像时，为了获得更好的色彩还原效果，可以使用自定义白平衡的方法。

70mm F4 1/160s ISO100

第5章

拍摄模式

5.1 全自动拍摄模式

大部分尼康相机都提供了两种全自动拍摄模式，即全自动模式  和全自动（禁止使用闪光灯）模式，二者之间的区别就在于闪光灯是否关闭。

↑ 两种全自动模式。

全自动模式 AUTO

全自动模式也叫"傻瓜拍摄模式"，从提高摄影水平的角度看，可以说是毫无用处的模式，仅限于记录一些简单画面。

适合拍摄： 所有拍摄场景。

优点： 曝光和其他相关参数由相机按预定程序自主控制，可以快速进入拍摄状态，操作简单，在多数拍摄条件下都能拍出有一定水准的照片，可满足家庭用户日常拍摄需求，尤其适合抓拍突发事件等。闪光灯将在光线不足的情况下自动开启。

特别注意： 用户可调整的空间很小，对提高摄影水平帮助不大。

全自动（禁止使用闪光灯）模式

在弱光环境下，全自动模式会自动弹出闪光灯进行补光，如果受环境制约（如博物馆、海底世界）不能使用闪光灯，则可以切换至此模式，但由于光线不足，拍摄时很容易因为相机的震动而导致成像模糊，所以最好能使用三脚架拍摄。

适合拍摄： 所有现场光中的对象。

优点： 除关闭闪光灯外，其他方面与全自动模式完全相同。

特别注意： 如果需要使用闪光灯，一定要切换至其他支持此功能的模式。

5.2 场景模式

场景模式是一种半智能的拍摄模式，在拍摄不同的题材时，通过选择不同的场景模式，可以快速获得漂亮的照片，例如在拍摄人像时可以选择人像模式。以Nikon D7000为例，此相机提供了多达19种场景模式，其中人像模式、风景模式、儿童照模式、运动模式、近摄模式及夜间人像模式属于比较常用的场景模式，下面来分别介绍其主要功能。

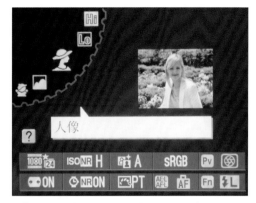

按INFO按钮后，将开启显示屏，转动主指令拨盘可以选择19种场景模式。

人像模式

使用此模式，将在当前最大光圈的基础上进行一定的收缩，以保证较高的成像质量，并使人物的脸部更加柔美，背景呈现漂亮的虚化效果。在光线较弱的情况下，相机会自动开启闪光灯进行补光。按住快门不放即可进行连拍，以保证在拍摄运动中的人像时，也可以成功地拍下运动的瞬间。在开启闪光灯的情况下，无法进行连拍。

适合拍摄：人像及希望虚化背景的对象。

优点：能拍摄出层次丰富、肤色柔滑的人像照片，而且能够尽量虚化背景，突出主体。

特别注意：当拍摄风景中的人物时，色彩可能较柔和。

风景模式

使用风景模式时，可以在白天拍摄出色彩艳丽的风景照片，为了保证获得足够的景深，在拍摄时相机会自动缩小光圈。在此模式下，闪光灯将被强制关闭，如果是在较暗的环境下拍摄风景，可以选择夜景模式。

适合拍摄：景深较大的风景、建筑等。

优点：色彩鲜明、锐度较高。

特别注意：即使在光线不足的情况下，闪光灯也一直保持关闭状态。

儿童照模式

可以将该模式理解为人像模式的特别版，即根据儿童在着装色彩上较为鲜艳的特点进行色彩校正，并保留皮肤的自然色彩。

适合拍摄：儿童或色彩较鲜艳的对象。

优点：即使在下雪天这种不太利于表现色彩的环境中，使用儿童照模式也能拍到不错的色彩，同时采用了人像模式中比最大光圈略低一挡的光圈设定，能够得到很好的背景虚化效果。

特别注意：在拍摄低色调的主题照片时，色彩可能会显得过于浓重。

运动模式

使用此模式时，相机将使用高速快门以确保拍摄的动态对象能够清晰成像，该模式特别适合凝固运动对象的瞬间动作。为了保证精准对焦，相机的对焦方式会默认为AF-A自动伺服自动对焦方式，对焦点会自动跟踪运动的主体。

适合拍摄：运动对象。

优点：方便进行运动摄影，凝固瞬间动作。

特别注意：当光线不足时会自动提高感光度数值，画面可能会出现较明显的噪点；如果要使用慢速快门，则应该使用其他模式进行拍摄。

近摄模式

近摄模式适合拍摄花卉、静物、昆虫等微小物体。在该模式下，拍摄到的主体更大，清晰度也会更高，明显比全自动模式拍摄的效果好。

拍摄时，如果使用的是变焦镜头，应调至最长焦端，这样能使拍摄到的主体在画面中显得更大。另外，在选择背景时，应尽量让背景保持简洁，这样可以使主体更加突出。如果相机识别到现场的光照条件较弱，会自动开启闪光灯。

适合拍摄：微小主体，如花卉、昆虫等。

优点：方便进行微距摄影，色彩和锐度较高。

特别注意：如果要使用小光圈获得大景深，则需要使用其他拍摄模式。

夜间人像模式

　　虽然名为夜间人像模式，但实际上，只要是在光线比较暗的情况下拍摄人像，都可以使用此模式。

　　选择此模式后，相机会自动打开内置闪光灯，以保证人物获得充分的曝光。同时，该模式还兼顾了人物以外的环境，即开启慢速闪光同步功能，在闪光灯照亮人物的同时，慢速快门使画面的背景也能获得充足的曝光。

适合拍摄： 夜间人像、室内现场光人像等。

优点： 保证画面背景也能获得足够的曝光。

特别注意： 依据环境光线的不同，快门速度可能会很低，因此建议使用三脚架保持相机的稳定。

5.3　其他场景模式

　　除了上面讲解的6种常用场景模式外，还有13种针对不同场景而设计的模式。将模式拨盘转至SCENE模式，此时转动主指令拨盘即可在显示屏中选择不同的场景模式。SCENE模式多是针对具体的拍摄对象而进行参数设定，拍摄的对象及效果也可以通过相机显示屏预览到，因此此处不再详细讲解，下面分别展示一下其中比较有特色的场景模式及其主要功能。

⬆ 选择SCENE模式。

⬆ 选择不同的扩展场景模式。

夜景 🌙

　　此模式用于拍摄夜间的风景，为了保证获得足够大的景深，通常会使用较小的光圈，此时并不会弹出闪光灯进行补光，因此，相对于夜间人像模式而言，该模式更需要使用三脚架进行拍摄，以保证相机的稳定。

日落 🌅

使用此模式可以拍摄日落前或日出后的风景，以表现温暖的深色调，由于光线比较暗，因此需要使用三脚架稳定相机。

黄昏/黎明 🌅

该模式适用于拍摄日出或日落时的风光照片，同样，由于场景光线比较暗淡，因此需要使用三脚架。

秋色 🍁

该模式适用于表现秋天常见的红色和黄色。

花 ✿

　　该模式对色彩进行了优化设置，以保证拍摄到的照片色彩比较鲜艳，适合拍摄红、绿、蓝、粉等色彩的花卉。

食物 🍴

　　该模式充分照顾了色彩的平衡，可以拍摄出对象原本的颜色。

轮廓 🏝

　　在略带逆光的场景中，使暗调区域呈现为全黑的效果，暗调区域更显凝重。

高色调

高调人像的画面影调以亮调为主，暗调部分所占比例非常小，一般来说，白色占据整个画面的70%以上，给人轻盈、优美、淡雅的感觉。在使用此拍摄模式时，相机可以自动调整拍摄参数组合，以获得充足的曝光来得到高调照片。低色调 Lo 的功能则刚好与之相反。

烛光 ♨

与通常的拍摄模式相比，灯光中的红色被加强，效果比肉眼所见更明亮，并表现出红棕色的色偏。

5.4　高级曝光模式

P（程序自动）拍摄模式——快速、简便、功能强大

　　简单来说，程序自动模式在高级曝光模式中就犹如前面讲解的全自动模式，只不过该模式锁定了快门速度及光圈参数，而ISO感光度、白平衡、曝光补偿和闪光灯等都可以根据需要进行设定，其最大的优点是操作简单、快捷，这对新闻、纪实等需要大量抓拍的拍摄题材而言非常有用。

　　由于相机自动选择的曝光设置未必是最佳的曝光组合。例如，摄影师可能认为采用此快门速度手持拍摄时会不够稳定，或者希望用更大的光圈。此时，可以利用相机的程序偏移功能，通过半按快门按钮并转动主指令拨盘的方法，得到曝光量相同的快门速度和光圈组合。

将模式拨盘旋转至程序自动模式，可以转动主指令拨盘选择快门速度和光圈的不同组合（"柔性程序"）。

使用P门可随时记录下有特色的异域风情，得到曝光合适的画面。

200mm　F16　1/1000s　ISO640

A（光圈优先）拍摄模式——人像、夜景、风光均适用

　　光圈优先模式在模式转盘上显示为A。在此模式下，用户可以旋转副指令拨盘选择所需光圈。具体拍摄时，相机会根据当前设置的光圈自动计算出合适的快门速度。

　　使用光圈优先模式可以控制画面的景深，在同样的拍摄距离下，光圈越大，景深越小，即拍摄对象（对焦的位置）前景、背景的虚化效果就越好；反之，光圈越小，景深越大，即拍摄对象前景、背景的清晰度就越高。

　　当光圈过大，导致快门速度超出相机极限时，如果仍然希望保持该光圈，可以尝试降低ISO感光度的数值，或使用中灰滤镜降低光线的进入量，从而保证曝光准确。

　　如前所述，在光圈优先模式下，快门速度是由相机根据光圈大小自动设定的，小光圈必然会降低快门速度，在手持拍摄时，如果低于安全快门，就可能出现因抖动造成的画面模糊等问题，此时可以提高ISO数值，或增大光圈，如果能够使用三脚架拍摄，就可以更好地稳定相机，确保画面质量。

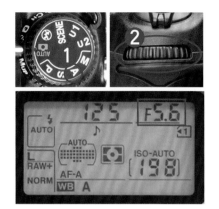

将模式拨盘旋转至光圈优先模式，可以转动副指令拨盘调节光圈值。

 利用大光圈营造小景深的画面，使荷花在花海中脱颖而出。

📷 90mm F2.8 1/125s ISO400

利用小光圈表现大场景的风景画面很合适。

📷 17mm F16 1/125s ISO400

S（快门优先）拍摄模式——完全掌控动静的瞬间画面

快门优先模式在模式转盘上显示为S。在此模式下，用户可以转动主指令拨盘在1/8000～30s之间选择所需快门速度，然后相机会自动计算光圈的大小，以获得正确的曝光组合。

在拍摄时，快门速度需要根据拍摄对象的运动速度及照片的表现形式（即凝固瞬间的清晰还是带有动感的模糊）来决定。对大千世界中不同的运动物体，没有人能够准确说出它们的固定速度，因此在大多数情况下，我们可以在能够获得正常曝光的情况下，尽量将快门速度设置得高一些。

将模式拨盘旋转至快门优先模式，可以转动主指令拨盘调节快门速度。

较高的快门速度可以凝固动作或者移动的主体；较慢的快门速度可以形成模糊效果，从而产生动感。

延长曝光时间得到丝绸般效果的溪流。

35mm F16 12s ISO100

M（手动）拍摄模式——强大的手控操作能力

在全手动模式下，相机的所有智能分析、计算功能都将不再工作，所有的参数都要由拍摄者手动设置，很多专业摄影师可以根据自己的拍摄经验及对光线的把握等，很快做出合理的参数设置。另外，影楼中配合影室灯的人像写真摄影等，也多是使用全手动模式完成的。

将模式拨盘旋转至手动模式时，可以通过转动主指令拨盘来调节快门速度，转动副指令拨盘来调节光圈值。

利用手动模式可以很灵活地设置快门和光圈，以得到想要的画面效果。

50mm F2.8 1/250s ISO200

5.5 B门——可长时间曝光

设为B门后，持续地完全按下快门按钮时，快门保持打开，松开快门按钮时，快门关闭，完成整个曝光过程，因此曝光的时间取决于快门按钮被按下与被释放的中间过程。

此曝光模式经常用于拍摄夜景、光绘、天体、焰火等需要手动控制曝光时间的题材，为避免画面模糊，使用B门模式拍摄时，应该使用三脚架及遥控快门线。

用B长时间曝光将摩天轮的光轨记录下来，形成很好看的夜景画面。
📷 24mm F9 5s ISO400

要设置B门曝光模式，需要先将曝光模式设置为M模式，然后向左转动主指令拨盘直至肩屏或显示屏显示快门速度为Bulb，此时即可激活B门模式。

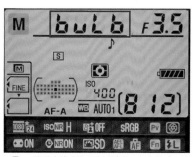

将曝光模式设置为M模式，向左转动主指令拨盘直至肩屏或显示屏显示 bulb。

5.6 释放模式

尼康相机提供了7种快门释放模式，分别是单张拍摄、低速连拍、高速连拍、安静快门释放、自拍、延迟遥控以及反光板弹起，下面分别讲解它们的使用方法。

按住释放模式拨盘锁定按钮，然后转动释放模式拨盘即可在不同的释放模式之间切换。

释放模式		
单张拍摄		每次按下快门即拍摄一张照片
连拍	低速连拍	若按住快门释放按钮不放，相机每秒可拍摄1~5张照片。此连拍数量可以通过在"自定义设定"菜单中修改"CL模式拍摄速度"数值进行改变
	高速连拍	若按住快门释放按钮不放，相机每秒最多可拍摄6张照片
安静快门释放		在此模式下，按下快门释放按钮时反光板不会发出咔嗒一声退回正常位置，直至松开快门释放按钮时，反光板才会退回原位，从而使用户可以控制反光板发出咔嗒声的时机，使其比使用单张拍摄模式时更安静。除此之外，其他与单张拍摄释放模式相同
自拍		在"自定义设定"菜单中可以修改"自拍"中的参数，从而获得2s、5s、10s和20s的自拍时间，特别适合自拍或合影时使用。在最后2s时，相机的指示灯不再闪烁，且蜂鸣音变快
延迟遥控		此模式需要遥控器支持。在使用遥控器进行拍摄时，按下遥控器上的快门后，默认将在2s以后进行拍摄，此时可以在"拍摄"菜单中设置"遥控模式"中的"遥控延迟"、"快速响应遥控"及"遥控弹起反光板"参数。Nikon D7000相机需要使用ML-L3遥控器
反光板弹起		选择该模式可在进行远摄或近摄时，或者在相机可能会震动而导致照片模糊的其他情形下，使相机震动最小化

拍摄嬉戏的猫咪时将释放模式设置成连拍模式，再从中选择合适的画面。
35mm F9 1/125s ISO400

第6章

了解尼康相机强大的测光功能

6.1 测光的原理

数码单反相机的测光是以18%的灰来确定所拍摄场景的曝光组合的，因为当相机曝光时，使用整个场景中光线反射率的平均值就可以得到正确的曝光图片，而这个数值就是18%。

因此，在摄影时，如果拍摄场景的反光率平均值恰好是18%，则可以得到光影丰富、明暗正确的照片，反之则需要人为调整曝光补偿来补偿相机的测光失误。

通过对天空中灰位置的测光得到剪影效果的画面，而天空的层次则可以表现得很细腻，在拍摄时一定要做负向曝光补偿。

这种情况通常在拍摄较暗的场景（如日落场景）及较亮的场景（如雪景）时发生。如果要验证这一点，可以采取下面所讲述的简单方法。

对着一张白纸测光，然后按相机自动测光所给出的光圈快门组合直接拍摄，则得到的照片中白纸看上去更像是灰纸，这是由于照片欠曝。因此，拍摄反光率大于18%的场景，如雪景、雾景、云景或有较大白色物体的场景时，需要增加 EV 曝光补偿值。

而对着一张黑纸测光，然后按相机自动测光所给出的光圈快门组合直接拍摄，则得到的照片中黑纸看上去更像是灰纸，这是由于照片过曝。因此，如果拍摄场景的反光率低于18%，需要减少曝光，即做负向曝光补偿。

在拍摄雪景这样的典型高调照片时，要适当做正向曝光补偿，才能够使白雪看上去更白。

90mm F16 1/125s ISO100

6.2 测光与感光元件宽容度的关系

　　"宽容度"是指相机在拍摄时能够在画面中表现的最亮与最暗区域，使用"宽容度"较小的感光元件测光并拍摄后，可能出现暗部曝光正确，而明亮的高光区域却"过曝"而形成一片"死白"的现象，从而丢失很多明亮区域的细节纹理；也可能出现照片亮部曝光正确，但暗部曝光不足而出现一片"死黑"的情况，从而使暗部主体的许多细节都淹没在黑暗之中。而如果相机感光元件的感光度较大，则能够同时表现所拍摄场景中较亮区域与较暗区域的细节。

　　因此，在数码摄影中，所用的相机"宽容度"越大，对于最终照片质量的提升就越有帮助，也才有可能准确记录下那些大光比的漂亮风景。

　　了解数码相机宽容度的概念，有助于理解为什么在测光时要根据不同的拍摄对象选择不同的测光模式。其原因正是由于数码相机的宽容度不高，必须通过选择不同的测光模式以确定在测光时要重点考虑还原那一部分场景的细节。

利用APS-C画幅相机拍摄的照片，不仅白云有细节，两侧岩石也显示出丰富的纹理细节。

利用家用小数码相机拍摄的照片，白云部分的细节已经不可分辨。

6.3 尼康相机的3种测光模式

测光模式决定相机针对画面中的哪个范围进行测光,因此,使用不同的测光模式得到的曝光结果也不尽相同,正确地选择和使用测光模式对所拍摄的照片能否获得准确的曝光,起着极为重要的作用。

尼康数码相机提供了矩阵测光⊡、中央重点测光⊡和点测光⊡3种测光模式。

⬆ 按下测光模式按钮,转动主指令拨盘🎛即可选择不同的测光模式。

矩阵测光

矩阵测光是最常用的测光模式,在全自动曝光模式和所有场景模式下,相机都默认使用3D彩色矩阵测光模式。在该模式下,相机将测量取景画面全部景物的平均亮度值,并以此作为曝光量的依据。在主体和背景光线反差不大时,使用矩阵测光模式一般可以获得准确曝光,此模式最适合拍摄日常及风光题材的照片。

值得一提的是,该测光模式在手选单个对焦点的情况下,对焦点可以与测光点联动,即对焦点所在的位置为测光的位置。善加利用这一点,可以在拍摄时为我们提供更大的便利。

➡ 当画面没有明显的主体或主体与背景的反差较小时,应选择矩阵测光,这也是风光摄影中常用的测光方式。

📷 100mm F4 1/250s ISO200

中央重点测光

在此测光模式下，虽然相机对整个画面进行测光，但将最大比重分配给中央区域直径为8mm的圆，此圆的直径可以更改为6mm、10mm或13mm，测光时由于能够兼顾其他区域的亮度，因此该方式既能实现画面中央区域的精准曝光，又能保留部分背景的细节。这种测光模式适合拍摄主体位于画面中央主要位置的场景，在人像摄影中常使用这种测光模式。

在拍摄人像时需要经常使用中央重点测光模式，以得到模特曝光合适的画面。

📷 85mm F2 1/125s ISO200

点测光

　　点测光是一种高级的测光模式，相机只对当前对焦点的位置进行测光，而且由于测光区域非常小（基本是以对焦点为圆心、以3.5mm为直径的圆，其面积约占整个画面的2.5%左右），因而具有相当高的精准性。当主体和背景的亮度差异较大时，适合使用点测光模式拍摄。

　　在拍摄人像时常使用此测光模式，以便于更准确地对人物的皮肤或眼睛进行测光。

　　另外，此测光模式常被用于拍摄暗调照片，或对场景较亮处进行测光，以将场景拍摄为剪影效果。

对天空的中灰部进行点测光，以得到地面呈现剪影效果，而天空云彩层次丰富的画面。

280mm F6.3
1/800s ISO400

6.4 测光位置对测光结果的影响

除了矩阵测光外，由于使用另外两种测光模式测光时，相机将针对测光及周围的景像亮度计算曝光参数组合，因此使用这两种测光模式进行测光时，测光点的位置不同，最终拍摄出来的照片的曝光效果也不相同。

其中，最为典型的是点测光模式，在使用这种测光模式测光时，在不同的位置进行测光拍摄，得到的照片效果也截然不同。

左侧展示了两张照片，上方的照片测光位置在较暗的地面，从而使照片依据地面的亮度进行测光，使地面得到正常曝光，而天空较亮的位置则显得较亮较白；而下方的照片测光位置在太阳的旁边，由于此位置较亮，因此当这一部分区域得到正确曝光时，比这一部分暗的区域都由于欠曝而形成大面积的黑影。

当使用中央重点测光时，这种测光点影响最终曝光效果的现象同样存在，只是不像点测光那样明显。

测光点位置亮度较低，整体场景曝光合适。

测光点位置亮度较高，整体场景曝光效果偏暗。

第7章

了解尼康相机强大的
对焦系统

7.1 尼康相机的对焦系统

对焦是成功拍摄的重要前提之一，准确的对焦可以让主体在画面中清晰呈现，反之则容易出现画面模糊的问题，也就是所谓的"失焦"。

例如，Nikon D7000相机提供了AF自动对焦与MF手动对焦两种模式，而AF自动对焦又可以分为AF-A自动伺服自动对焦、AF-S单次伺服自动对焦和AF-C连续伺服自动对焦3种，选择合适的对焦方式可以帮助我们顺利地完成对焦工作，下面分别讲解它们的使用方法。

按下**AF**按钮，然后转动主指令拨盘，可以在3种自动对焦模式间切换。

7.2 尼康相机的3种自动对焦模式

单次伺服自动对焦

使用此自动对焦模式时，在合焦（半按快门时对焦成功）之后即停止自动对焦，此时可以在保持半按快门的状态下重新调整构图，常用于拍摄静止的对象。

在拍摄静态的风景照片时，使用单次伺服自动对焦模式完全可以满足拍摄需求。
50mm F10 1/200s ISO100

连续伺服自动对焦

　　使用此自动对焦模式拍摄时，在半按快门合焦后，保持半按快门的状态，相机会在39个对焦点中自动切换以保持对运动的拍摄对象的准确合焦状态，如果在对焦过程中拍摄对象的状态发生了变化，相机会自动做出调整。

拍摄运动的对象时，使用连续伺服自动对焦模式，能够保证主体始终是清晰的。
📷 300mm F5.6
1/500s ISO100

自动伺服自动对焦

　　在无法确定拍摄对象处于静止或运动状态，或是对是否连续对焦要求不高时，可以使用自动伺服自动对焦模式，其特点就是进行连续对焦时，反应的速度要比使用连续伺服自动对焦模式慢一些。

对这种小幅度变化甚至完全静止的动物，使用自动伺服自动对焦模式即可满足拍摄要求。
📷 200mm F2
1/1000s ISO100

7.3 正确选择自动对焦区域模式

在选择自动对焦模式后，还需要设置自动对焦区域模式，才能够精确地指定尼康相机的对焦点在对焦时的工作模式。下面以D7000为例，讲解4种尼康全系列相机均提供了的自动对焦区域模式。

- 单点：每次按下快门即拍摄一张照片。当使用手动对焦方式时，将自动切换至此区域模式。
- 动态：在AF-A自动伺服自动对焦模式和AF-C连续伺服自动对焦模式下选择此区域模式时，若拍摄对象暂时偏离所选对焦点，则相机会自动使用周围的对焦点进行对焦。可以分别选择9、21和39个对焦点，用于不同的场景。简单来说，对焦点越多，越适合拍摄剧烈运动的对象。
- 3D跟踪：在AF-A自动伺服自动对焦模式和AF-C连续伺服自动对焦模式下选择此区域模式时，当拍摄对象在取景器中快速移动时，对焦点可以跟踪对象。
- 自动：选择此区域模式时，将自动选择对焦点。尤其当使用D型或G型镜头时，还可以自动分辨场景中的人物主体，从而提高对焦的精度。

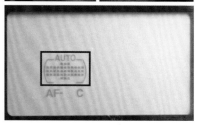

⬆ 按下**AF**按钮后转动副指令拨盘，即可选择不同的自动对焦区域模式。

⬇ 在拍摄运动激烈的体育类照片时，首先应该选择连续伺服自动对焦模式，并选择3D跟踪自动对焦区域模式。

📷 400mm F4 1/250s ISO1400

7.4 利用手动对焦实现精准对焦

手动对焦的应用领域

当光线较弱、被摄体反光强烈或画面中没有明显主体时，自动对焦系统经常无法实现精准对焦。如在拍摄蜘蛛网时使用自动对焦很难对焦准确，而使用手动对焦就可以轻松地合焦并拍摄。

此外，在拍摄弱光的对象或细节反差很小的对象时，也需要使用手动对焦。

将机身马达置于AF自动挡，才能实现手动对焦

A自动对焦和M手动对焦可以切换

手动对焦的操作要领

变焦镜头的前端都有两个能旋转的环，平常用的是变焦环，可调整焦距，以改变主体在画面上所占的面积大小。另一个环则是手动对焦时用的对焦环，转动对焦环可使需要表现的主体变得清晰，以完成合焦。

镜头上通常有ft和m标记，并且标有一些数值。ft表示以英尺为单位，m表示以米为单位，这里的数值表示当前的对焦位置与相机焦平面之间的距离。通过这些数值可以看出，将对焦环顺时针转动，对焦位置离相机越来越远，转动到底部达到无穷远∞；将对焦环逆时针转动，对焦位置离相机越来越近，转动到底部达到镜头的最近对焦距离。

因此，在手动对焦时，先目测被摄主体与相机之间的距离，通过对焦环上标明的数值快速转动到大致位置，然后再通过取景器观察被摄主体，并调整对焦环，直到被摄主体完全清晰，完成手动对焦。

查看当前对焦距离

对焦环　　变焦环

7.5 超焦距对景深的影响

超焦距的概念

简单来说，超焦距是指通过焦距与光圈的组合，使得某个物距之外获得最大景深的设置，即此范围内的景物是完全清晰的，因此在拍摄风光、纪实等方面有着非常重要的作用——它可以帮助我们即使在不对焦的情况下，也可以获得足够的景深，获得清晰的画面。

下面讲解3种获得超焦距组合的方法。

读取镜头景深表

目前新品镜头中，虽然仍带有景深表，但其作用已经不甚明显，反倒是在较老的自动对焦甚至手动对焦镜头上，景深表的参考价值更有意义，因此，此方法带有一定的局限性。

以尼康AF14mm F2.8 D ED镜头为例，❹位置代表超焦距的对焦距离，其中ft代表英尺，m代表米，二者是等效的；❺位置代表的是要获得此超焦距时，需要设置的光圈值。当然，其中密不可分的是，这只镜头为14mm定焦镜头，焦距是固定的，因此较容易得到准确的超焦距数值。例如，在F5.6的超焦距为1.1m，即此时对1.1m到无限远的景物进行拍摄时，可以获得最大的景深，其景深范围为超焦距的一半（此处为0.55m）至无限远。

尼康AF 14mm F2.8 D ED镜头的景深表。

查询超焦距表

在购买时，很多镜头会提供一份该镜头的超焦距表，以便于查询。需要注意的是，超焦距表中标注的是景深范围，而非对焦距离。例如，尼康AF-S 24-120mm F4 G ED VR镜头，24mm端在F8时，其景深为1.35m至无限远，那么其超焦距即为2.7m。

用公式计算

超焦距的计算是一个非常复杂的过程，它涉及到了镜头结构、光圈、焦距、物距以及弥散圆直径等很多参数，因此，很多摄影大师们总结了一些简化的公式，如安塞·亚当斯的近似公式。

$$H = FF/(fd)$$ （H超焦距，F镜头焦距，f光圈，d容许弥散圆直径）

在这个公式中，全画幅相机的容许弥散圆直径可采用0.034或0.03的近似值，而APS-C画幅的相机可采用0.022或0.02的近似值。例如，35mm、F8时，其超焦距为5.1m，景深范围为2.55m至无限远，也就是此时在对5.1m以外的景物进行拍摄时，可获得2.55m至无限远的景深。

追随拍摄表现动感

在拍摄体育比赛时，经常会用到追随拍摄。所谓追随拍摄，就是在拍摄时相机跟随运动员保持相同的速度向同一个方向移动，在运动员进入最佳拍摄位置时，按下快门，完成拍摄。这样，画面背景上会出现流动的线条，快门速度越慢，线条感越明显，画面越显得动感十足，当然，此时的拍摄难度也越高。

摄影师使用追随拍摄来表现赛车手的运动状态，画面线条感突出且动感十足。
📷 200mm F4 1/5s ISO400

运用追随法拍摄时应注意以下问题。

● 相机的移动速度一定要和动体的移动速度始终保持一致。

● 相机的移动要在一条水平线上，眼要随动体移动，不能前后左右晃动。

● 按动快门要轻，时间不能过早或过晚，一般在平行追随时，以和拍摄对象成 75°~85° 角时按动快门为宜。

● 按动快门的时间应该是动作的高潮。若不能保证准确抓取瞬间，那么建议启用连拍模式。

● 快门速度应根据动体的移动速度和所要追求的拍摄效果确定，一般为 1/15 ~ 1/60s，最快不能超过 1/125s。

● 使用快门优先模式优先保证要使用的快门速度。

● 采用连续自动对焦模式，以保证随时依据拍摄对象的变化而进行重新对焦。

● 要充分利用现场的光线效果，采用侧逆光和深暗一些的背景，这样拍出的照片效果会更好一些。

使用陷阱对焦锁定拍摄对象

　　陷阱对焦即预先将焦点定于某个位置，然后更改为手动对焦模式，当判断在该范围内将发生需要的画面时，只需要按下快门进行连拍即可。例如，要拍摄球员灌篮时的画面，可以预先将焦点锁定在篮筐上，待有球员要灌篮时，按下快门进行连拍即可。

摄影师使用陷阱对焦锁定好位置，当篮球员投篮时只是按了一下快门就得到这张精彩的照片。
📷 300mm F10 1/1600s ISO800

7.6 弱光下的对焦操作技巧

在弱光环境下拍摄时，通常会遇到对焦困难的问题，此时应首先考虑使用中央对焦点进行对焦。虽然随着对焦技巧的发展，周边的对焦点在对焦能力上已经有了很大提高，但中央对焦点的对焦性能仍然最强。另外，绝大部分数码单反相机都提供了对焦辅助功能，例如尼康相机的对焦辅助灯进行频闪，从而辅助对焦。

在弱光环境下，能否成功对焦，是进行后续拍摄的重要前提。

📷 55mm F5.6 1/100s ISO800

"内置AF辅助照明器"菜单用于选择在光线不足时是否点亮内置AF辅助照明器以辅助对焦。内置AF辅助照明器的有效范围为0.5～3.0m。

STEP 01 进入**自定义设定**菜单，选择a**自动对焦**中的a7 **内置AF辅助照明器**选项。

STEP 02 按下▲或▼按钮可选择**开启**或**关闭**内置AF辅助照明器。

选择"开启"，则光线不足时内置AF辅助照明器点亮（仅限于使用取景器拍摄），同时满足以下两个条件时才有效：①自动对焦模式设为AF-S，或当相机处于AF-A模式时选择单次伺服自动对焦模式；②将AF区域模式设为"自动区域AF"，或者设为"自动区域AF"以外的选项并选择中央对焦点。

选择"关闭"，则内置AF辅助照明器不会点亮以辅助对焦操作。光线不足时，相机可能无法使用自动对焦功能。

7.7 对焦锁定

很多摄影爱好者在刚接触摄影时，经常会发现拍摄出来的照片中主体是模糊的，而主体后面或前面的景色却是清晰的。例如，在拍摄人像时，人物一般会被安排在画面的黄金分割位置，而相机默认的对焦点处于画面中心，所以第一次对焦在人物身上时人物是清晰的。而经过二次构图后，由于取景位置发生了变化，相机对新画面的中心点进行重新对焦，导致拍摄出来的照片中，画面中心点附近的图像是清晰的，主体却变得模糊了。

通过对焦锁定解决主体不在画面中间而出现模糊的方法有如下两种。

● 使用快门锁定焦点：半按快门对主体对焦，保持快门半按状态，改变相机的取景视角进行重新构图，构图完成后完全按下快门完成拍摄。

● 通过AE-L/AF-L按钮锁定焦点：半按快门对主体对焦，对焦完成后，按下AE-L/AF-L按钮，这时相机取景器里的AF-L指示标记亮起，表示对焦已被锁定。然后改变取景角度重新构图，构图完成后半按快门进行测光，再完全按下快门完成拍摄。

第一种解决方法有一个缺点，即在保持快门半按状态锁定对焦的同时也锁定了曝光，很容易出现曝光不准的问题。

使用第二种方法可以避免出现此类问题，但使用前应该对AE-L/AF-L按钮进行设置，以使摄影师在按下AE-L/AF-L按钮后，直接锁定焦点。

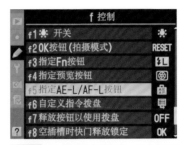

STEP 01 进入**自定义设定**菜单，选择**f控制**中的**f5指定AE-L/AF-L按钮**选项。

STEP 02 按下▲或▼按钮选择**仅AF锁定**选项。

没有使用对焦锁定功能，画面中位于中央的绿色灌木是清晰的，而主体却是模糊的。

使用AE-L/AF-L按钮锁定对焦后，虽然主体不在画面中央，但仍被清晰地记录下来。

7.8 曝光锁定

曝光锁定，顾名思义是指将画面中某个特定区域的曝光值锁定，并以此曝光值对场景进行曝光。当光线复杂而主体不在画面中央位置的时候，需要先对主体进行测光，然后将曝光值锁定，再进行重新构图和拍摄。下面以拍摄逆光人像为例讲解其操作方法。

STEP 01 在上一页展示的步骤基础上，选择**仅AE锁定**选项，即可将AE-L/AF-L按钮的功能设置为锁定曝光。

STEP 02 按下相机背面的**AE-L/AF-L**按钮。

STEP 03 使用长焦镜头或者靠近人物，使人物脸部充满画面，半按快门得到曝光参数，由于已经按下AE-L/AF-L按钮，这时相机上会显示AE-L指示标记，表示此时的曝光已被锁定。

STEP 04 在曝光锁定标记亮起的情况下，通过改变相机的焦距或者改变和被摄者之间的距离进行重新构图后，半按快门对人物眼部对焦，合焦后完全按下快门完成拍摄。

⬆ 使用A挡光圈优先模式拍摄时，由于没有进行曝光锁定，画面中人物面部有些发暗。

⬆ 使用曝光锁定功能后，人物的肤色得到更好的还原。

另外，当拍摄环境非常复杂或主体较小时，也可以使用曝光锁定并配合代测法来保证主体的正常曝光。方法是：将相机对准相同光照条件下的代测物体进行测光，如人的面部、反光率为18%的灰板、人的手背等，然后将曝光值锁定，再进行重新构图和拍摄。

⬆ 因为拍摄对象距离较远，很难进行准确的测光，所以用18%的灰卡作为代测物体，配合使用曝光锁定功能，拍出曝光准确的人像照片。

第8章

尼康相机便于拍摄的菜单
设定

8.1 RAW与JPEG的画质设定

尼康相机提供了多种JPEG和RAW格式供用户挑选，而对于JPEG和RAW格式的选择，可以根据情况需要而定，二者的优劣对比如下表所述。

格式	JPEG	RAW
JPEG与RAW格式的优劣对比		
占用空间	占用空间较小	占用空间很大，通常比相同尺寸的JPEG图像要大4～6（倍）
成像质量	虽然有压缩，但在选择平滑质量的前提下，肉眼基本看不出来	以肉眼对比来看，基本看不出与JPEG格式的区别，但RAW格式所包含的画面信息量要远多于JPEG格式
宽容度	此格式的图像是经过数字信号处理器加工的格式，进行了一定的压缩，虽然肉眼难以分辨，但确实少了很多细节，而且该处理器性能的强弱，也直接影响了JPEG格式图像的宽容度及成像质量。尤其在后期处理时更容易发现这一点。当对阴影（高光）区域进行强制性的提亮（降暗）时，这种问题就越发明显	RAW格式是原始的、未经数码相机处理的影像文件格式，它反映的是从影像传感器中得到的最直接的信息，是真正意义上的"数码底片"。由于RAW格式的影像未经相机的数字信号处理器调整清晰度、反差、色彩饱和度和白平衡，因而保留了丰富的图像原始数据，有更好的画面层次和细节
可编辑性	如Photoshop、光影魔术手、美图秀秀等软件均可直接进行编辑，并可直接发布于QQ相册、论坛等网络	需要使用专门的软件进行编辑
适用范围	日常、游玩等拍摄	专业性质的输出、重要的活动记录等

以Nikon D7000相机为例，其图像品质说明如下表所示。

选 项	文件类型	说 明
NEF（RAW）	NEF	来自影像感应器的12位原始数据直接保存到存储卡上。拍摄将来需要在计算机上处理的影像时选用
JPEG精细	JPEG	以大约1：4的压缩率记录JPEG影像（精细影像品质）
JPEG标准		以大约1：8的压缩率记录JPEG影像（标准影像品质）
JPEG基本		以大约1：16的压缩率记录JPEG影像（基本影像品质）
NEF（RAW）+JPEG精细	NEF/JPEG	记录两张影像：一张NEF（RAW）影像和一张精细品质的JPEG影像
NEF（RAW）+JPEG标准		记录两张影像：一张NEF（RAW）影像和一张标准品质的JPEG影像
NEF（RAW）+JPEG基本		记录两张影像：一张NEF（RAW）影像和一张基本品质的JPEG影像

8.2　设置对焦点数量

虽然越高端的相机对焦点越多，在拍摄体育、鸟类、动物等题材时，也越有利于准确地进行对焦，但并非每个题材都会用到这么多的对焦点。例如，在拍摄人像、风光及静物等题材时，通常会手动选择对焦点的位置，然后进行对焦、拍摄，此时只需要少量的对焦点就可以满足要求，太多的对焦点反而会让我们在调整对焦点位置时觉得烦琐。对于尼康的中高端相机而言，可以通过菜单指定对焦点的数量。下面以Nikon D7000为例，讲解其设置方法。

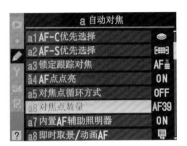

STEP 01 进入**自定义设定**菜单，选择a**自动对焦**中的a6**对焦点数量**选项。

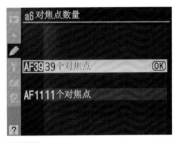

STEP 02 按下▲或▼按钮可设置对焦点数量为39或11。

39个对焦点布局。

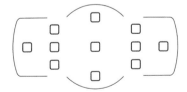

11个对焦点布局。

- 39 个对焦点：从 39 个对焦点中进行选择。
- 11 个对焦点：从 11 个对焦点中进行选择，用于快速选择对焦点。

为了使画面中的水鸟都清晰呈现，可将对焦点设置为39个。
200mm　F16　1/1250s　ISO200

8.3 设定优化校准

简单来说，优化校准就是相机依据不同拍摄题材的特点，而进行的一些色彩、锐度及对比度等方面的校正。例如，在拍摄风光题材时，可以选择色彩较为艳丽、锐度和对比度都较高的"风景"优化校准，也可以根据需要手动设置自定义的优化校准，以满足个性化的需求。

利用"设定优化校准"菜单选择适合拍摄对象或拍摄场景的优化校准，包含"标准"、"自然"、"鲜艳"、"单色"、"人像"和"风景"6个选项，各选项的作用如下。

- 标准：进行标准化处理以获得均衡效果。在大多数情况下推荐使用。
- 自然：进行最小程度的处理以获得自然效果。在需要进行后期处理或润饰照片时选用。
- 鲜艳：进行增强处理以获得鲜艳的影像效果。在强调照片主要色彩时选用。
- 单色：用于拍摄单色照片。
- 人像：赋予人物拍摄对象自然润滑的肤质。
- 风景：用于拍摄出生动的自然风景和城市风光。

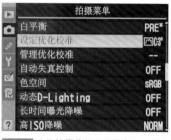

STEP 01 选择**拍摄菜单**中的**设定优化校准**选项。

STEP 02 按下▲或▼按钮可选择预设或自定义的优化校准选项。

⬆ 风景风格。

⬆ 单色风格。

8.4 设置动态D-Lighting展现照片的暗部细节

　　在拍摄光比较大的画面时，容易丢失细节。例如，在直射的明亮阳光下拍摄，就容易使照片中出现较暗的阴影与较亮的高光区域，而利用动态D-Lightng功能可以确保在这样的场景下拍摄的高光和阴影的细节不会丢失，因为动态D-Lightng会使相机的曝光稍欠一些，这有助于防止照片的高光区域完全变白，从而显示不出任何细节，同时还能够避免因为曝光不足而使阴影区域中的细节丢失。

　　该功能与矩阵测光一起使用时，效果最为明显。若选择"自动"，相机将根据拍摄环境自动调整动态D-Lighting（但在M挡全手动模式下，"自动"相当于"标准"）。

STEP 01 在**拍摄菜单**中选择**动态D-Lighting**选项。

STEP 02 按下▲或▼按钮可选择不同的校正强度。

⬆ 可以看出，在选择不同选项的情况下，得到的照片效果还是有较大差别的，尤其在选择"高"选项时，对画面的暗部有较大的提亮。

8.5 根据照片用途设置色彩空间

　　色彩空间指的是相机可以再现的色彩范围，尼康相机中拥有sRGB和Adobe RGB两种色彩空间选项。

　　sRGB的色彩空间支持在计算机、网络上查看，可以得到比较准确的色彩，同时在一般的照片洗印时，也可以使用这个色彩空间。

　　Adobe RGB的色域更大，它完全涵盖了sRGB的色域，主要用于商业印刷和其他工业用途，使用Adobe RGB拍摄出的图像在普通计算机和打印机上呈现的色彩饱和度较低，需要通过软件进行后期处理，因此建议一般用户使用sRGB模式拍摄。

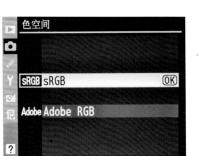

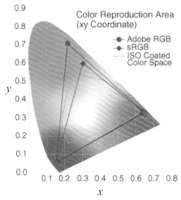

📷 105mm F4.5 1/320s ISO400

8.6 设置ISO感光度自动控制

当对感光度的设置要求不高时，可以将ISO感光度指定为由相机自动控制，即当相机检测到依据当前的光圈与快门速度组合，无法满足曝光需求或可能会曝光过度时，就会自动选择一个合适的ISO感光度数值，即满足正确曝光的需求。

 →  →

STEP 01 选择ISO**感光度自动控制**选项并按下OK按钮。

STEP 02 按下▲或▼按钮可选择**开启**或**关闭**感光度自动控制功能。

STEP 03 启用自动感光度控制后的状态。

在"ISO感光度自动控制"选项下选择"开启"时，可以对"最大感光度"和"最小快门速度"两个选项进行设定。

- 最大感光度：用于设置自动感光度的最大值。
- 最小快门速度：用于设置当由相机自动控制感光度时需要保证的最低快门速度，特别是在暗光下手持拍摄或拍摄高速运动对象的情况下，需要保证一定的快门速度。

 → 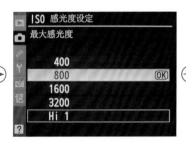 →

STEP 01 选择**最大感光度**或**最小快门速度**选项。

STEP 02 若选择**最大感光度**选项，按下▲或▼按钮可选择最大感光度数值。

STEP 03 若选择**最小快门速度**选项，按下▲或▼按钮可选择最小快门速度数值。

8.7 利用"长时间曝光降噪"功能拍出细腻照片

曝光时间越长，产生的噪点越多，此时，可以启用"长时间曝光降噪"功能消减画面中产生的噪点。

"长时间曝光降噪"菜单用于对快门速度低于8s时所拍摄的照片进行减少噪点处理。处理所需时间长度约等于当前快门速度。需要注意的是，在处理过程中，取景器内的 **Job nr** 字样将会闪烁且无法拍摄照片（若处理完毕前关闭

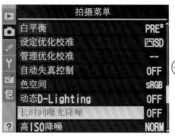 

STEP 01 选择**拍摄菜单**中的**长时间曝光降噪**选项。

STEP 02 按下▲或▼按钮可选择**开启**或**关闭**长时间曝光降噪功能。

相机，则照片会被保存，但相机不进行降噪处理）。在连拍模式下，帧速将变慢且内存缓冲区的容量将会下降，所以每秒所拍摄的照片幅数将减少。

通过长达30s的曝光拍摄到的照片。
25mm F11 30s ISO100

左图是未设置长时间曝光降噪时的局部画面，右图是启用长时间曝光降噪后的局部画面，画面中的杂色及噪点明显减少，但同时也损失了一些细节。

8.8　利用"高ISO降噪"功能去除噪点

如前所述，感光度越高，照片产生的噪点越多，此时可以启用"高ISO降噪"功能来减弱画面中的噪点，但要注意的是，这样也会失去画面的一些细节。

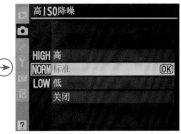

STEP 01 选择**拍摄菜单**中的**高ISO降噪**选项。

STEP 02 按下▲或▼按钮可选择不同的噪点消减标准。

"高ISO降噪"菜单用于处理使用高感光度拍摄的照片，以减少噪点。该菜单包含"高"、"标准"、"低"和"关闭"4个选项。选择"高"、"标准"、"低"时，可以在任何时候减少噪点（不规则间距明亮像素、条纹或雾像），尤其针对使用高ISO感光度拍摄的照片更有效；选择"关闭"时，仅在ISO1600或以上时执行降噪，所执行的降噪量要少于将"高ISO降噪"设为"低"时所执行的量。

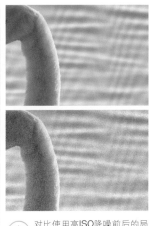

对比使用高ISO降噪前后的局部图可以看出，降噪后的照片噪点明显减少，但同时也损失了一些细节。

设置高ISO降噪为"标准"时拍摄的动物照片。
300mm　F5.6　1/320s　ISO3200

8.9 利用"虚拟水平"功能拍摄出绝对水平的照片

当进行严谨的摄影时，如果需要保持相机处于水平状态，则可以启用Nikon D7000相机中的"虚拟水平"功能。它可以根据来自相机倾斜感应器的信息显示一条虚拟水平线，当相机处于水平位置时，该参考线显示为绿色。

STEP 01 选择**设定菜单**中的**虚拟水平**选项。

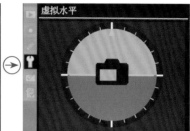

STEP 02 当相机处于水平状态时，将显示为绿色的线条。

🔼 在拍摄对称的湖面时，使用虚拟水平可方便构图。
📷 24mm F13 1/200s ISO200

第 9 章
使用尼康相机拍摄
高清视频

9.1 标清、高清与全高清

在讲解如何使用尼康相机拍摄视频之前，有必要对视频的基本标准概念进行讲解，即标准、高清与全高清分别是什么意思。

标清、高清与全高清的概念源于数字电视的工业标准，但随着使用摄像机、数码相机视频逐渐增多，这渐渐成为这两个行业的视频格式标准。标清是指物理分辨率在720p以下的一种视频格式，分辨率在400线左右的VCD、DVD、电视节目等视频均属于"标清"格式视频。

物理分辨率达到720p以上则称为高清，英文表述High Definition，因此又简称为HD。高清的标准是视频垂直分辨率超过720p或1080i，视频宽纵比为16：9。

所谓全高清（Full HD），是指物理分辨率达到1920×1080的视频（包括1080i和1080p），其中i（interlace）是指隔行扫描；p（progressive）代表逐行扫描，这两者在画面的精细度上有着很大的差别，1080p的画质要胜过1080i。

在尼康系列数码单反机型中，使用D5000、D90、D300s拍摄的视频均为720p高清摄像，而使用D5100、D7000、D3200、D800等机型拍摄的视频则为全高清视频。

9.2 数码单反相机与短片拍摄

短片拍摄功能在数码单反相机上的发展

数码单反相机经过十余年的发展，在2006年具备即时取景功能的数码单反相机诞生了，人们第一次可以像使用小DV一样使用数码单反相机的LCD屏取景拍摄。与此同时就有人提出了设想，如果数码单反相机也可以像DV一样拍摄视频那该多好啊！

在2008年，人们的愿望终于实现了，首款支持视频拍摄功能的数码单反相机在该年的8月末问世了，在这之后，包括尼康、佳能等主流数码单反相机生产厂商，都在最新的相机中加入了短片拍摄功能，并实现了全高清（1920×1080）短片拍摄。

"反串视频"的数码单反相机带给了我们高清的画面和照片般鲜艳的色彩，仅从视频效果而言，足以撼动专业摄像机。

⬆ 使用数码单反相机以14mm超广角拍摄的视频截图。

用数码单反相机拍摄短片的优势

无论数码单反相机的短片拍摄功能是否专业，但它与市场上的家用DV相比，确实有过人之处，甚至可以和价值数十万元的专业摄像器材相提并论。

感光元件大

家用DV的感光元件尺寸仅相当于普通的消费级卡片相机，而作为APS-C画幅的Nikon D7000数码单反相机，其感光元件要比之大上数倍。

镜头群丰富

配合大光圈镜头的使用，我们可以拍摄出非常柔美的虚化效果——这与拍摄照片的原理是相同的，但却是家用DV所无法企及的一点。

在使用时，采用F4以上的光圈，或超过200mm的长焦镜头，都能拍出很不错的虚化效果。

另外，如果使用超广角镜头进行拍摄，也能够得到非常独特的画面透视效果。

 使用200mm焦距拍摄的美猴王面部特写。

色彩表现力更为优秀

　　数码单反相机在色彩的控制上更优秀，而使用家用DV拍摄得到的短片，在色彩上总是偏灰一些。对数码单反相机来说，拍摄视频不仅图像质量好，视频色彩逼真也是摄像机难以达到的特质。它所拍摄视频的色彩表现与照片类似，鲜艳的色彩同样可以出现在视频片段中。

⬆ 使用数码单反相机实拍的静物。

⬆ 使用数码单反相机拍摄全高清视频的截图，与实拍图相比，几乎感受不到什么色彩的差异。

9.3 拍摄短片的基本设备

存储卡

短片拍摄占据的存储空间比较大，尤其是拍摄全高清短片时，更需要大容量、高存储速度的存储卡，通常应该使用实际读写速度在55倍速（约合7Mbps的存储速度）以上的存储卡，才能够进行正常的短片拍摄及回放——好在目前市场上主流的SD存储卡都已经达到了这种要求。

脚架

与专业的摄影摄像设备相比，使用数码单反相机拍摄短片时最容易出现的一个问题就是，在手动变焦的时候引起画面抖动，因此，一个坚固的三脚架是保证画面平衡的重要器材，如果执著于使用相机拍摄短片，那么甚至可以购置一个良好的视频控制架。

专业的视频控制架可以在镜头的推进与拉出时保证更平稳的过渡。

9.4 即时取景与短片拍摄的基本流程

要拍摄视频短片，首先必须将拍摄状态切换为即时取景拍摄状态。

在这种状态下既可以拍摄照片也可以拍摄视频，下面以Nikon D7000为例先讲解如何在这种拍摄状态下拍摄照片。

使用Nikon D7000的即时取景拍摄照片较为简单，首先我们需要在确认打开相机的情况下，向右侧扳动即时取景开关，开启显示屏上的即时取景功能，然后在设置适当的拍摄参数后，半按快门进行对焦，再完全按下快门即可拍摄得到静态的照片。

值得一提的是，在即时取景状态下，按下🔍按钮可以放大当前的画面，并可以使用多重选择器移动画面的位置，从而对取景内容中的局部位置进行精确的对焦。需要注意的是，这里的放大画面并非进行变焦处理，而是针对即时取景的范围进行局部放大，目的只是便于对焦操作而已。

扳动即时取景开关。

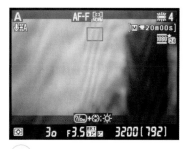

在即时取景下拍摄照片。

使用尼康各款相机拍摄视频短片的操作比较雷同，下面以Nikon D7000为例，讲解其基本操作。

STEP 01 启动相机并进入即时取景状态。

STEP 02 半按快门对要拍摄的对象进行对焦。

STEP 03 按下即时取景开关中间的动画录制按钮，即可开始录制短片，此时在屏幕左上方会显示一个红色的圆点，表示当前正在录制短片。

STEP 04 在拍摄短片时，也可以半按快门进行自动对焦。需要注意的是，如果镜头在对焦时的声音较大，则可能会被录制到视频中。根据实际的使用结果来看，最好能够使用手动对焦，以保证短片中没有杂音，如果是使用外置的音频设备，则可以避免录制到杂音。

STEP 05 录制完成后，再次按下即时取景开关中间的按钮即可结束录制。

按下动画录制按钮即可开始录制短片。

录制视频。

9.5 即时取景状态下的信息设置

在即时取景状态下，按下INFO.按钮，将在屏幕中显示可以设置或查看的参数。连续按INFO.按钮，可以在不同的信息显示内容之间进行切换。

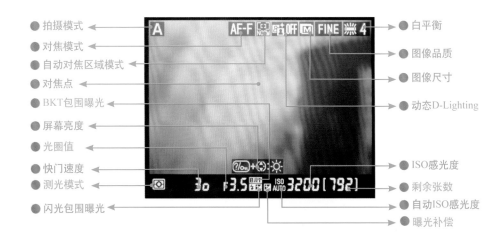

对于拍摄模式、光圈数值、快门速度等参数，与使用取景器拍摄照片时的设置方法基本相同，故不再予以详细讲解，下面将针对其中不同或较为特殊的参数功能进行讲解和演示。

9.6 设置即时取景状态下的对焦模式

Nikon D7000在即时取景状态下提供了两种自动对焦模式，即AF-A单次伺服自动对焦模式和AF-F全时伺服自动对焦模式，可分别用于静态或动态环境下的实时拍摄。

  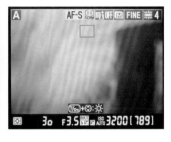

设置方法：按下AF自动对焦按钮，此时显示屏中将高亮显示对焦模式，然后转动主指令拨盘即可在两种自动对焦模式之间切换。

- AF-A 单次伺服自动对焦：此模式适用于拍摄静态对象，半按快门时即可使用显示屏中的对焦点进行对焦。
- AF-F 全时伺服自动对焦：此模式适用于拍摄动态对象，还适用于相机自身在不断地移动、变换取景位置等情况，此时，相机将连续进行自动对焦。当半按快门按钮时，可以锁定当前的对焦。

9.7 设置即时取景状态下的自动对焦区域模式

用于设置对焦点的工作方式，如优先对人脸进行识别或跟踪运动的对象等。无论使用哪种区域模式，都可以使用多重选择器移动对焦点的位置。

  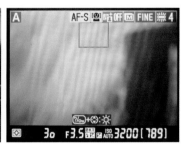

设置方法：按下AF自动对焦按钮，此时显示屏中将高亮显示对焦模式，然后转动副指令拨盘即可在4种对焦区域模式之间切换。

- 脸部优先：相机自动侦测并对焦于面向相机的人物脸部，适用于人像拍摄。通过实际使用感受，笔者认为该模式在对焦速度及成功率方面还是非常高的。
- 宽区域：适用于以手持方式拍摄风景和其他非人物对象。
- 标准区域：此时的对焦点较小，适用于精确对焦于画面中的所选点。使用该模式时推荐使用三脚架。
- 对象跟踪：可跟踪在画面中移动的拍摄对象。

9.8 即时取景的界面显示模式

开启即时取景功能后，可以按下右下角的INFO.按钮，在下面展示的几种显示模式之间进行切换。

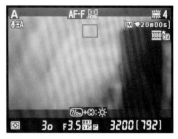

视频短片模式下，可以显示与短片相关的参数设置，并依据短片的尺寸，对取景范围进行裁剪——画面顶部和底部的灰色区域代表制录短片时不会取景的范围。

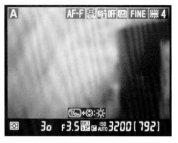

基本取景模式下，可以显示大量关于拍摄的参数。

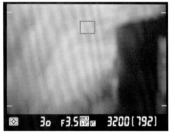

精减取景模式下，仅在显示屏的四角位置显示视频裁剪的范围，其他参数均被隐藏。

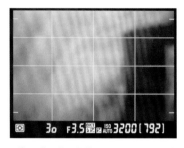

带网格取景模式下，可以显示一个4×4的取景网格，以便于进行水平或垂直的构图校正。

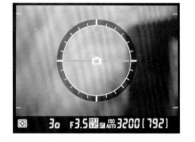

根据来自相机倾斜感应器的信息显示一条虚拟水平线，帮助查看相机是否水平。

9.9 与视频拍摄有关的菜单设置

动画设定

"动画设定"菜单包含"动画品质"、"麦克风"、"目标位置"、"手动动画设定"4个选项。

"动画品质"可以从"1080 高品质/标准"、"720 高品质/标准"、"720 高品质/标准"、"424 高品质/标准"中进行选择。

"麦克风"选项用于开启或关闭内置或外置麦克风；选择"自动灵敏度（A）"、"高灵敏度（3）"、"标准灵敏度（2）"、"低灵敏度（1）"中的任一选项，都可开启录音，并将麦克风设定为所选择的灵敏

度；选择"麦克风关闭"可关闭录音。

"目标位置"选项用于为录制的动画选择存储位置，可以选择"插槽1"或"插槽2"。菜单中将显示每张卡的可用录制时间，在时间用完时录制将自动结束。

在"手动动画设定"中选择"开启"，可在相机处于M全手动模式时手动调整快门速度和ISO感光度。

视频模式

"视频模式"菜单用于选择视频的模式。通过视频接口将相机连接至电视机或录像机上，需确认相机视频模式和设备视频标准（NTSC 或PAL）相匹配。

HDMI

"HDMI"菜单用于控制视频输出分辨率，包含"输出分辨率"和"设备控制"两个选项。

"输出分辨率"用于选择图像输出至HDMI 设备的格式，包含"自动"、"480p（逐行）"、"576p（逐行）"、"720p（逐行）"、"1080i（隔行）"5个选项。若选择"自动"，相机将自动选择合适的格式。

"设备控制"用于设定是否可用遥控器控制相机。相机连接在支持HDMI-CEC的电视机上且相机和电视机都处于开启状态时，选择"开启"，在全屏播放和幻灯播放期间可使用电视机遥控器代替相机多重选择器和⊛按钮。若选择"关闭"，电视机遥控器将无法用于控制相机。

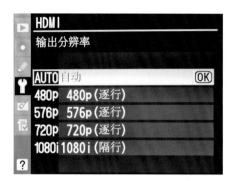

9.10 即时取景与短片拍摄的注意与说明

下面的表格汇总了一些在使用Nikon D7000即时取景及短片拍摄时需要特别注意或需要特殊说明的问题。

项　　目	说　　明
最长短片拍摄时间	20min（分钟）。一次录制时间超过此限制时，拍摄将自动停止
单个文件大小	最大不能超过4GB，否则拍摄将自动停止
选择拍摄模式	如在短片拍摄过程中切换拍摄模式，将被强制中断录制
对焦	在短片拍摄时，若使用AF-F对焦模式，则可以实现连续自动对焦，但并非完全准确，因受环境的影响，可能出现有些时候不会连续自动对焦的情况
闪光灯	在拍摄短片时，无法使用外置闪光灯进行补光拍摄
照片风格	相机将以当前设定的照片风格进行拍摄
录制短片时拍摄照片	在录制短片的同时，也可以半按快门进行对焦，然后完全按下快门进行照片拍摄。但在按下快门的同时，即退出短片拍摄模式，而进入即时取景的静态照片拍摄模式
锁定曝光/对焦	在拍摄短片时，可以根据对AE-L/AF-L按钮的功能设定，来锁定曝光、对焦或同时锁定二者
不要对着太阳拍摄	高亮度的太阳可能会导致感光元件的损坏
噪点	在低光照的环境下，容易产生噪点
长时间拍摄	长时间拍摄时，机内温度会显著提高，图像质量也会有所下降
选择制式	如果要在电视上回放短片，应选择PAL制式进行录制

第10章

为尼康相机装配好镜头

10.1 镜头的基础知识

尼康NIKKOR镜头名称解读

简单来说，AF镜头是指可实现自动对焦的尼康镜头，也称为AF卡口镜头。除此之外，尼康镜头名称中还包括很多数字和字母，而且它们都有特定的含义，熟记这些数字和字母代表的含义，就能很快地了解一款镜头的性能。

AF-S 55-200mm F4-5.6 G IF ED DX VR
❶　　　❷　　　　❸　　　　　❹

❶ 镜头种类

AF
此标识表示适用于尼康相机的AF卡口自动对焦镜头。早期的镜头产品中还有Ai这样的手动对焦镜头标识，目前已经很少看到了。

❷ 焦距

表示镜头焦距的数值。定焦镜头采用单一数值表示，变焦镜头分别标记焦距范围两端的数值。

❸ 最大光圈

表示镜头光圈的数值。定焦镜头采用单一数值表示，变焦镜头中光圈不随焦距变化而变化的采用单一数值表示，随焦距变化而变化的镜头，分别表示广角端和远摄端的最大光圈。

若此处只有一个数值，则代表该镜头在任何焦距下都拥有相同的光圈，而此类镜头往往售价都很高。

❹ 镜头特性

D/G
带有D标识的镜头，可以让镜头向机身传递距离信息，在早期常用于配合闪光灯来实现更准确的闪光补偿，同时还支持尼康独家的

3D矩阵测光系统，在镜身上同时带有对焦环和光圈环。G型镜头与D型镜头的最大区别就在于，G型镜头没有光圈环，同时得益于镜头制造工艺的不断提高，G型镜头拥有更高素质的镜片，因此在成像性能上更有优势。

IF
IF是Internal Focusing的缩写，指内对焦技术。此技术简化了镜头结构而使镜头的体积和重量都大幅度减小，甚至有的超远摄镜头也能手持拍摄，调焦也更快、更容易。另外，由于在对焦时前组镜片不会发生转动，因此在使用滤镜，尤其是有方向限制的偏振镜或渐变镜时会非常便利。

ED
ED为Extra-low Dispersion的缩写，指超低色散镜片。加入这种镜片后，可以使镜头既拥有锐利的色彩效果，又可以降低色差以进行色彩纠正，并使影像不会有色散的现象。

DX
印有DX字样的镜头，说明该镜头是专为尼康APS-C画幅数码单反相机而设计的，这种镜头在设计时就已经考虑了感光元件的画幅问题，并在成像、色散等方面进行了优化处理，可谓是量身打造的专属

镜头类型。

VR
VR即Vibration Reduction的缩写，是尼康对于防抖技术的称谓，并已经在主流及高端镜头上得到了广泛的应用。在开启VR后，通常在低于安全快门速度3~4挡的情况下也能实现拍摄。

SWM (-S)
SWM即Silent Wave Motor的缩写，代表该镜头装载了超声波马达，其特点是对焦速度快，可全时手动对焦且对焦安静，它甚至比相机本身提供的驱动马达更加强劲、好用。在尼康镜头中，很少直接看到该缩写，通常表示为AF-S，表示该镜头是带有超声波马达的镜头。

Micro
表示这是一款微距镜头。通常将最大放大倍率在0.5~1倍（等倍）范围内的镜头称为微距镜头。

ASP
ASP为Aspherical lens elements的缩写，指非球面镜片组件。使用这种镜片的镜头，即使在使用最大光圈时，仍可在最大程度上保证较佳的成像质量。

焦距与视角

每款镜头都有其固有的焦距，焦距不同，相应的拍摄范围也会有很大的变化，变焦镜头也是如此。

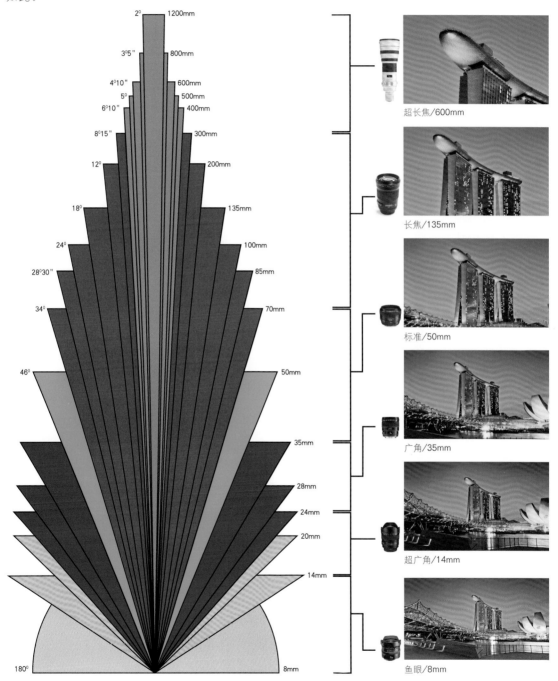

由上图可知，镜头在广角端的焦距变化对视角的改变非常大。例如，在20~28mm的范围内，焦距跨度仅8mm，而视角却发生了近20°的变化；反观长焦端，在300~600mm的范围内，焦距跨度达到了300mm，而视角却仅发生了约4°的变化。

10.2 定焦与变焦镜头

定焦镜头的焦距不可调节，它拥有光学结构简单、最大光圈很大、成像质量优异等特点，在相同焦段的情况下，定焦镜头往往可以和价值数万元的专业镜头媲美。其缺点是由于焦距不可调节，机动性较差，不利于拍摄时进行灵活的构图。

变焦镜头的焦距可在一定范围内变化，其光学结构复杂、镜片片数较多，这使得它的生产成本很高，少数恒定大光圈、成像质量优异的变焦镜头的价格昂贵，通常在万元以上。变焦镜头最大光圈较小，能够达到恒定F2.8光圈就已经是顶级镜头了，当然在售价上也是"顶级"的。

变焦镜头的存在，解决了我们为拍摄不同的景别和环境时走来走去的难题，虽然在成像质量以及光圈上有所不及，但那只是相对而言，在环境比较苛刻的情况下，变焦镜头确实为我们提供了更大的便利。

在这组照片中，摄影师只是在较小的范围内移动，就拍摄到了完全不同景别和环境的照片，这都是得益于使用变焦镜头的不同焦距。

10.3 常用的各种焦段的镜头

广角镜头的特点及使用

广角镜头的概念

广角镜头的焦距段在10～35mm之间，其特点是视角广、景深大和透视效果好，不过成像容易变形，其中焦距为10～24mm的镜头由于焦距更短、视角更广，常被称为超广角镜头。在拍摄风光、建筑等大场面景物时，可以有效地表现景物雄伟壮观的气势。

常见的尼康定焦广角镜头有AF NIKKOR 14mm F2.8 D ED、AF NIKKOR 28mm F1.4 D等，而变焦广角镜头则以AF-S NIKKOR 10-24mm F3.5-4.5 G ED DX、AF-S NIKKOR 14-24mm F2.8 G ED N等为代表。

广角镜头的使用注意

广角镜头虽然在画面表现方面非常有特色，但也存在一些缺陷，因此在使用时要多加注意。

- 边角模糊：对于广角镜头，特别是广角变焦镜头而言，最常见的问题是照片四角模糊。这是由镜头的结构导致的，因此这种现象较为普遍，尤其是使用F2.8、F4这样的大光圈时。廉价广角镜头中这种现象尤为严重。
- 暗角：由于进入广角镜头的光线是以倾斜的角度进入的，而此时光圈的开口不再是一个圆形，而是类似于椭圆的形状，因此照片的四角处会出现变暗的情况，如果缩小光圈，则可以减弱这种现象。
- 桶形失真：使用广角镜头拍摄的照片中，除中心以外的直线将呈现向外弯曲的形状（好似一个桶的形状），这种变形在拍摄人像、建筑等题材时，会导致所拍摄出来的照片失真。

广角镜头视野较广，再配合小光圈的使用，很适合表现大场景的风光照。

📷 17mm F16 1/125s ISO100

广角镜头推荐1——尼康AF NIKKOR 18-35mm F3.5-4.5 D IF-ED

尼康AF NIKKOR 18-35mm F3.5-4.5 D IF-ED 是一款非常经典的原厂广角镜头，它可以看作是AF-S NIKKOR 17-35mm F2.8 D IF-ED的大幅简化版，才4000元的售价让囊中羞涩的用户也有机会体验尼康广角变焦镜头的优秀性能，素有"银广角"之称。

这款全画幅镜头使用在全画幅相机Nikon D700上，可以充分发挥广角变焦镜头的优异性能，其成像质量出色，画面锐度较高，色彩还原能力真实，只是偶尔会出现一定的紫边现象，这也是老款镜头在数码时代难以避免的问题。

这款镜头采用内对焦设计，方便加挂偏光滤镜。8组11片镜片中包含1个ED镜片和1个非球面镜片，使成像质量更出色。变焦时前组镜片会伸缩，对焦明快迅速，虽无超声波马达，对焦声响近距离可听见，但是前端的对焦环在AF自动对焦模式下仍可以转动。

18mm端的镜头畸变几乎和"金广角"不相上下，35mm端唯一的缺点就是光圈太小了。这款镜头当做风光摄影镜头使用绝对是一流的，不但成像质量优异，而且性价比也很高。

镜片结构	8组11片
光圈叶片数	7
最大光圈	F3.5～F4.5
最小光圈	F22～F32
最近对焦距离（cm）	33
最大放大倍率（mm）	1：6.7
滤镜尺寸（mm）	77
规格（mm×mm）	82.7×82.5
重量（g）	370

18mm F16 1/100s ISO200

广角镜头推荐2——AF-S NIKKOR 14-24mm F2.8 G ED

从官方资料上看，这款镜头具备优良的成像解析力，采用了两个ED镜片、3个非球面镜片。作为一款定位于专业人士的高端镜头，这款镜头豪华的用料、扎实的做工以及出色的性能使得很多玩家对它爱不释手。虽然13000元的价格有些昂贵，但是该镜头出色的性能确实是不可否认的，将其安装在尼康D800全画幅数码单反相机上，可以实现14mm的超广角拍摄，绝对是风光摄影的理想选择。这款镜头最靠前的镜片呈现夸张的球形状态，采用了尼康独有的NC纳米结晶镀膜技术，因而能够有效降低内反射、像差等问题。

在画质上，各焦段的成像质量都相当不俗，无愧于镜皇的称号。虽然14mm的超广角端成像质量较为一般，但收缩光圈至F8左右或放大焦距至16mm后，成像质量就会变得很出色了。

镜片结构	11组14片
光圈叶片数	9
最大光圈	F2.8
最小光圈	F22
最近对焦距离（cm）	28
最大放大倍率（mm）	1：6.7
滤镜尺寸（mm）	不支持
规格（mm×mm）	98×131.5
重量（g）	1000

14mm F8 1/20s ISO100

标准镜头的特点及使用

标准镜头的定义

如果镜头的焦距范围在35～85mm之间，则这样的镜头被称为标准镜头。它所摄得的影像接近于人眼正常的视角范围，其透视关系接近于人眼所感觉到的透视关系，因此，标准镜头能够逼真地再现被摄对象的影像。标准镜头虽然光学结构简单，但是成像质量却极其优异，而且制造成本低，售价便宜。

标准变焦镜头通常有广角端，但长焦端通常不超过135mm，如AF 24-85mm F2.8-4 D IF、AF-S 24-70mm F2.8 G ED等镜头均是如此。标准定焦镜头的光圈可以做到很大，在光线较弱的照明条件下进行拍摄，也可以得到良好的曝光效果。对于任何一个初入门的摄影爱好者而言，都应该配备一款光圈为1.8的标准定焦镜头。

标准镜头下的人像很真实、自然，在视觉上很舒服。

📷 85mm F5.6 1/800s ISO100

标准定焦镜头推荐1——尼康AF-S NIKKOR 50mm F1.8 G & AF-S NIKKOR 50mm F1.4 G

对FX画幅相机而言，50mm镜头刚好作为标准镜头使用，其视角刚好与人眼视角相同；而如果是DX画幅的相机，由于焦距要乘1.5的换算系数，因此就变成了75mm，较适合以半身为主的人像摄影。事实上，很多尼康DX画幅相机用户就是将其作为人像镜头使用的。

这2只50mm G型镜头都是近年刚刚升级的，在性能上自然不必多说。只是F1.8 G镜头1700元的价格比原来的F1.8 D镜头贵了近一倍，使之不够平民化。但让人欣喜的改进还是很多的，首先是该镜头加入了对焦马达，使得对焦性能有大幅度提高。

AF-S NIKKOR 50mm F1.4 G虽然售价为3400元，

在价格上稍贵，但确实提升了使用价值，尤其是采用了9片光圈，因此在拍摄点光的焦外虚化时，几乎在所有光圈下均能呈现出漂亮的圆点效果；而AF-S NIKKOR 50mm F1.8 G采用的是7片光圈，因此仅在F1.8的最大光圈下才能看到较圆的虚化效果。

镜片结构	5组6片/10组14片
光圈叶片数	7/9
最大光圈	F1.8/F1.4
最小光圈	F16/F16
最近对焦距离（cm）	45/45
最大放大倍率（mm）	1：6.7/1：6.7
滤镜尺寸（mm）	52/52
规格（mm×mm×mm）	72×52.5/73.5×54
重量（g）	185/280
等效焦距	75

50mm F2.2 1/50s ISO250

标准定焦镜头推荐2——尼康AF NIKKOR 85mm F1.8 D

85mm是公认的最佳人像拍摄焦距，而这款镜头就如同50mm焦段下的F1.8一样，具有价格便宜、性价比高的特点。

尼康AF NIKKOR 85mm F1.8 D 自动对焦镜头，由于只有7片光圈，因此仅在最大光圈下才可以形成比较圆的虚化效果，在色彩饱和及还原等方面的光学素质，比尼康AF NIKKOR 85mm F1.4 D自动对焦镜头略逊一筹。尼康AF NIKKOR 85mm F1.8 D 自动对焦镜头的最大优势就是其价格，仅需要花相当于F1.4 D镜头1/3的价钱（2800元）就可买到。

对于尼康AF NIKKOR 85mm F1.4 D自动对焦镜头而言，越大的光圈实际上就是在挑战极限，同时在光圈叶片数、机械素质等方面也有提高。例如，9片光圈叶片可以帮助我们获得美丽的圆形虚化效果，另外，F1.4镜头在色彩饱和及还原等方面的光学素质，也要比F1.8镜头强很多。

不得不提的是，不建议采用F1.4镜头的最大光圈进行拍摄，一方面是色散比较严重，另一方面由于光圈已经非常大，因此容易出现跑焦的现象。

镜片结构	6组6片
光圈叶片数	7
最大光圈	F1.8
最小光圈	F16
最近对焦距离（cm）	85
最大放大倍率（mm）	1：9.2
滤镜尺寸（mm）	62
规格（mm×mm）	71.5×58.5
重量（g）	380
等效焦距（mm）	127.5

85mm F2.8 1/160s ISO250

标准定焦镜头推荐3——尼康AF NIKKOR 85mm F1.8 G

作为对老一代D头更新的产品，85mm F1.8 G在镜片结构方面采用了全新的9组9片设计，而且新加入的宁静波马达，使这只镜头可以在非机身马达的尼康单反上进行使用。

由于此款镜头采用塑料镜身设计，使其净重量仅为350g，因此便携性得到极大的提升。但这只镜头采用的金属卡口设计，因此在关键部位的坚固程度还是能够令人放心的。

此款镜头的最大光圈为1.8，即使使用大光圈进行拍摄，照片仍然能够拥有惊人的锐度。如果将光圈缩小到F5.6时拍摄，可以达到这只镜头的分辨率的峰值，对于D3200这样拥有2400万像素的机身而言，恰好能够发挥此镜头分辨率较高的特点。

整体来看，这只镜头的焦外柔滑过渡的表现力不错，适当收缩光圈到F2.8以后，画面中心锐度表现上升明显，且其焦外的散焦表现令人满意，因此焦内焦外能够达到很好的平衡。

因此，作为一款售价3500余元的中长焦定焦镜头，AF-S NIKKOR 85mm F1.8 G镜头具有较高的性价比，如果希望拥有一款高素质人像镜头的话，这只镜头值得考虑。

镜片结构	9组9片
光圈叶片数	7
最大光圈	F1.8
最小光圈	F16
最近对焦距离（cm）	85
最大放大倍率（mm）	1：8
滤镜尺寸（mm）	67
规格（mm×mm）	80×73
重量（g）	350
等效焦距（mm）	127.5

85mm F2.8 1/160s ISO100

标准变焦镜头推荐1——尼康AF DX 16-85mm F3.5-5.6G ED VR

这只镜头是尼康DX画幅（即APS-C画幅）相机专用的镜头，可获得24~127.5mm的等效焦距，可以说是一款加强版的标准镜头，尤其在广角端24mm的等效焦距，更利于拍摄风景、建筑等大场景时使用。

这只镜头采用了尼康第二代光学减震技术VR II，它可以更加明显地提升相机拍摄清晰照片的几率，减少机身抖动引起的图像模糊。另外，2个ED镜片、3个非球面镜片，也在很大程度上提高了镜头的成像质量。

在镜头的畸变方面，16~20mm有较明显的桶形畸变，作为广角端，这也是在所难免的。另外，在70mm之后，也会产生不太明显的枕形畸变。

在成像的分辨率方面，这只镜头的表现较为中规中矩，收缩一挡光圈后能够达到最佳分辨率，相对而言，广角端的表现要强于长焦端。

在色散方面，这只镜头表现得还不错，中心的色散问题很少，但在边缘位置则容易产生较明显的色散问题。

总的来说，这只镜头手感良好，成像质量还不错，尤其中心的成像质量较佳，但边缘则容易出现畸变、色散及暗角

镜片结构	11组17片
光圈叶片数	7
最大光圈	F3.5~F5.6
最小光圈	F22
最近对焦距离（cm）	38
最大放大倍率（mm）	1：4.6
滤镜尺寸（mm）	67
规格（mm×mm）	72×85
重量（g）	485
等效焦距（mm）	24~127.5

等问题，广角端的优势使其更适用于记录日常生活和旅游。目前售价为5000元。

17mm F22 2.9s ISO100

标准变焦镜头推荐2——AF-S NIKKOR 24-70mm F2.8 G ED

该款镜头作为尼康的"金圈"高端镜头，有着非常强悍的性能。该镜头的结构为11组15片，其中包括2个ED镜片、3个非球面镜片和1个纳米结晶涂层，除了VR之外，几乎涵盖了尼康公司所有的先进技术，在减少色散、重影、逆光时的光晕及提高成像质量等方面有着极大的帮助。9片光圈叶片配合F2.8大光圈拍摄人像，能够获得极为柔美的虚化效果，而且在色彩的表现上也非常出色。其超声波马达系统可以实现安静、快速、准确的对焦。零售价为13000元。

镜片结构	11组15片
光圈叶片数	9
最大光圈	F2.8
最小光圈	F22
最近对焦距离（cm）	38
最大放大倍率（mm）	1：3.7
滤镜尺寸（mm）	77
规格（mm×mm）	83×133
重量（g）	900

24mm F10 12s ISO100

长焦镜头的特点及使用

长焦镜头具有"望远"的功能，能拍摄距离较远、体积较小的景物，通常拍摄野生动物或容易被惊扰的对象时会用到长焦镜头。长焦镜头的焦距通常在135mm以上，而焦距在300mm以上的镜头被称为"超长焦镜头"。一般常见长焦镜头的焦距有135mm、180mm、200mm、300mm、500mm、500mm等几种。长焦镜头具有视角窄、景深小和空间压缩感较强等特点。

常见的尼康长焦定焦镜头有AF NIKKOR DC 135mm F2D 自动对焦镜头、AF-S NIKKOR VR 200mm F2G IF-ED 自动对焦镜头S型等，而长焦变焦镜头则以AF-S NIKKOR 70-200mm F2.8G ED VR II 及AF-S NIKKOR VR 200-400mm F4G IF-ED 自动对焦镜头S型等为代表。

尼康AF-S NIKKOR 300mm F2.8G ED VR II N。

使用长焦镜头可在不惊扰到马儿的远处拍摄。
📷 300mm F6.3 1/800s ISO100

长焦镜头推荐1——尼康AF-S DX NIKKOR 18-200mm F3.5-5.6G ED VR II

2009年7月底，尼康公司发布了尼康AF-S DX NIKKOR 18-200mm F3.5-5.6G ED VR II 这款新一代镜头，与上一代镜头相比，它并没有太大的变化，除了一些外观细节外，其中最明显的升级应该是将原来的VR提高到现在的VR II。据尼康官方数据显示，VR II 可以在比安全快门低4挡的情况下顺利拍摄，而前一代则只能低3挡。

该镜头采用12组16片镜片，带2片ED玻璃镜片和3片非球面镜片，最近距离达到50cm，拥有1：4.5的放大倍率，性价比极高。这款镜头的特色还包括尼康超低色散玻璃、宁静波动马达（SWM）、尼康超级综合镀膜（SIC）、带变焦锁定开关以及专为尼康数码单反相机而优化的镜头光学设计。

当然，即使并没有翻天覆地的变化，由于6200元的价格与前一代产品基本相当，因此仍然是值得推荐的一款镜头。

镜片结构	12组16片
光圈叶片数	7
最大光圈	F3.5~F5.6
最小光圈	F22~F36
最近对焦距离（cm）	50
最大放大倍率（mm）	1：4.5
滤镜尺寸（mm）	72
规格（mm×mm）	77×96.5
重量（g）	565
等效焦距（mm）	27~300

📷 200mm F6.3 1/320s ISO100

长焦镜头推荐2——尼康AF-S NIKKOR 70-200mm F2.8G ED VR II

这款快速远摄变焦镜头采用 7 片 ED 玻璃镜片的全新光学设计和可抑制鬼影和闪光的纳米结晶涂层。9叶圆形光圈，带来自然的模糊美感，在整个变焦范围内，拍摄距离近至 1.4 m；内置的减震（VR II），相当于提高 4 挡快门速度的拍摄效果；宁静波动马达（SWM），可实现平稳安静的高级自动对焦，还有3种内置对焦模式：M、M/A 和 A/M。

因此，这款镜头用出色的拍摄性能和超高的影像品质，以及高品质的外观设计满足了专业用户和高级爱好者的拍摄要求。

镜片结构	16组21片
光圈叶片数	9
最大光圈	F2.8
最小光圈	F22
最近对焦距离（cm）	140
最大放大倍率（mm）	1：8.3
滤镜尺寸（mm）	77
规格（mm×mm）	87×205.5
重量（g）	1530
等效焦距（mm）	105~300

目前，此镜头的零售价为16000元，价格不可谓不贵，但作为大三元镜头之一，其品质也是毋庸置疑的。

📷 70mm F8 1/1000s ISO100

长焦镜头推荐3——尼康AF-S NIKKOR VR 70-300mm F4.5-5.6G IF-ED

本来70~300mm这个焦段的镜头还有腾龙、适马等其他厂商的产品可供选择，但这些镜头成像质量较差以及不带防抖系统等。对于一款长焦镜头而言，由于其安全快门（即焦距的倒数）通常较高，因此，如果能配合防抖功能在低于安全快门3~4挡的情况下进行拍摄，可以大大提高拍摄的成功率，而4000元的价格也是广大爱好者所能接受的，因此，笔者推荐了这款尼康原厂镜头。

这款镜头拥有两片ED超低色散镜片，这使得新镜头的消色散能力大为增强，同时，新镜头还增加了一组防抖镜片，使得这款镜头的重量从前代的505g一跃达到了745g，当然，在性能上也有了极大的提高。

另外，由于该镜头采用的是内对焦设计，对焦时前组镜片不转动，从而在使用各种滤镜时更方便，再配备上一款花瓣型遮光罩，显得很有"专业"味道。

该镜头换算后的最长焦距达到了450mm，这已经叮以满足大多数人"打鸟"的需求了，而且对经常使用长焦镜头的摄影爱好者有着非常大的吸引力。

镜片结构	12组17片
光圈叶片数	7
最大光圈	F4.5~F5.6
最小光圈	F22~F32
最近对焦距离（cm）	150
最大放大倍率（mm）	1：4.8
滤镜尺寸（mm）	67
规格（mm×mm）	80×143.5
重量（g）	745
等效焦距（mm）	105~450

300mm F5.6 1/500s ISO200

长焦镜头推荐4——尼康AF-S DX NIKKOR 18-300mm F3.5-5.6G ED VR

这只镜头可谓当之无愧的"走天下"镜头，等效27~450mm的焦距，完全可以满足人像、人文、风景、动物、鸟类、体育等多题材的拍摄。

在成像质量方面，作为全球首款拥有16.7倍变焦的镜头，可以说是非常优秀，甚至比同厂的尼康AF-S 18-200mm镜头还要好。整体来看，从最大光圈到F16，画面中心的成像质量都很好，而边缘则在F5.6~F11时表现最好，因此这只镜头在F5.6~F11时可以取得最佳的画质。

在紫边控制方面，尼康AF-S 18-300mm表现优秀，无论广角端还是长焦端，在全开光圈下，都几乎察觉不到紫边的出现；在眩光抑制方面，这只镜头采用的是超级综合镀膜，即使在强逆光环境下，依然能够有效地抑制眩光；在畸变控制方面，18mm和300mm端有较明显的变形，而在中间焦段时，这种情况则轻微得多。

总的来说，这是尼康公司极有诚意的一只镜头，3片非球面镜片、3片ED镜片、VR II 防抖、SWM超音波马达、超级综合镀膜、IF内对焦等技术，以及很好的成像质量、

镜片结构	14组19片
光圈叶片数	9片
最大光圈	F3.5~F5.6
最小光圈	F22~F32
最近对焦距离（cm）	45
最大放大倍率（mm）	1：3.2
滤镜尺寸（mm）	77
规格（mm×mm）	83×120
重量（g）	830

低廉的价格，使得这只镜头拥有非常高的性价比，只是830g的重量确实让人担忧旅行路上的负担，而且200~300mm焦距下的使用率，也是因人而异的，因此，是否决定购买，也要根据用户的实际需求而定。零售价为8000元。

📷 300mm F8 1/800s ISO640

长焦镜头推荐5——尼康AF-S NIKKOR 28-300mm F3.5-5.6G ED VR

此镜头是一只10.7倍变焦的超远摄镜头，覆盖从28mm广角至300mm远摄的宽广焦距范围，焦距为最远端时，最大光圈可达F5.6，以拍摄亮丽照片。

这款镜头配备2片ED镜片和3片非球面镜片，光学性能极佳。由于采用尼康内部对焦系统，对焦时镜头长度保持不变，宁静波动马达（SWM）可实现安静的自动对焦。其自带的变焦锁定装置，可防止镜头因自身重量而意外伸出。由于镜头具有VR减震功能，因此可以补偿相机抖动，能够提高相当于4挡快门速度。这款镜头体积小，重量轻，适合携带，6600元的零售价，总体来说是一个比较值得购买的一镜走天下类型的镜头。

镜片结构	14组19片
光圈叶片数	9
最大光圈	F3.5~F5.6
最小光圈	F22~F38
最近对焦距离（cm）	50
最大放大倍率（mm）	1：3.1
滤镜尺寸（mm）	77
规格（mm×mm）	83×114.5
重量（g）	800
等效焦距（mm）	42~450

300mm F9 1/20s ISO800

10.4 微距镜头

微距镜头的定义

微距镜头主要用于近距离拍摄物体，它具有1:1的放大倍率，即成像与物体实际大小相等。它的焦距通常为60mm、90mm、105mm、150mm和180mm等。微距镜头被广泛地用于花卉摄影和昆虫摄影等拍摄对象体积较小的领域，另外也经常被用于翻拍旧照片。

⬆️ 利用尼康105mm微距镜头拍出来的图片效果，蜘蛛的细节部分表现得很好。
📷 105mm F6.3 1/640s ISO400

微距镜头推荐1——尼康AF-S NIKKOR VR 105mm F2.8G IF-ED

作为1993年12月推出的Ai AF 105mm F2.8 Micro（后来尼康曾推出这款镜头的D版，可为机身的高级测光功能提供焦点距离数据，主要用于改善闪光摄影效果）的换代产品，这款新镜头从外形到内部结构都发生了改变。

这款镜头是世界上第一款带有防抖功能的微距镜头，同时也是尼康第一款加入宁静波动马达的微距镜头。其手感扎实，并由于VR防抖系统的加入，其重量也由旧款的555g大幅提升到790g。恒定镜筒长度、VR技术，同时还新增了"N"字符号，表示应用了"Nano Crystal Coating"新技术。在价格上也还可以接受，大概在6500元左右。

作为表现细节的微距镜头，其画质如何是人们更为关注的地方，其实并不用担心，这款镜头具有非常优秀的画面表现能力，甚至超过了"大三元"系列镜头，只是在使用最大光圈拍摄时，边缘位置会略有一点暗角，但收缩一挡光圈后就基本消失了。

镜片结构	12组14片
光圈叶片数	9
最大光圈	F2.8
最小光圈	F32
最近对焦距离（cm）	31
最大放大倍率（mm）	1∶1
滤镜尺寸（mm）	62
规格（mm×mm）	83×116
重量（g）	790
等效焦距	157.5

105mm F2.8 1/200s ISO100

微距镜头推荐2——尼康AF-S Micro NIKKOR 60mm F2.8 G ED N

此款新型微距镜头作微距摄影时，连续操作下复制比率可高达1:1；从微距至无限远的物距内可提供优异的图像质量；内部对焦的设计使自动对焦更加迅速而流畅；2个非球面镜片可以有效地矫正像差；纳米结晶涂层可消除内部反射，从而显著地降低鬼影和眩光；ED 镜片可以更有效地减少色差，产生较高的分辨率和高对比度的影像。所有这些特性都保证了尼康AF-S Micro NIKKOR 60mm F2.8 G ED N可以获得精确的图像还原能力。

目前，此镜头的零售价为4000元。

镜片结构	9组12片
光圈叶片数	9
最大光圈	F2.8
最小光圈	F32
最近对焦距离（cm）	18.5
最大放大倍率（mm）	1：1
滤镜尺寸（mm）	62
规格（mm×mm）	73×89
重量（g）	425
等效焦距	90

📷 60mm F4 1/250s ISO400

第11章

用好附件照片同样能出彩

11.1 遮光罩

遮光罩可遮挡住直射而来的光线，以避免产生光斑、生成灰雾等破坏画面的成像效果。不用时，通常是将遮光罩反扣于镜头上，待使用时再将其拧下、反转过来，安装于镜头前方。此外，遮光罩还可以在一定程度上防止灰尘、雨滴给镜头前组玻璃带来损坏。

市场上的遮光罩一般有金属材质和塑料材质两种，形状有花瓣形和普通圆口形。

 花瓣形及普通圆口形遮光罩。

11.2 电池手柄

竖拍手柄也叫电池手柄，因为其内部可以安装两块标准电池或者由AA电池所组成的多个电池组，能够满足长时间的拍摄工作。它的另一大功能就是方便手持相机竖向拍摄时稳定机身。竖拍手柄安装时通过隐形螺丝和数码单反相机的底部螺口相连接，同时手柄突起的部分会插入数码单反相机的电池仓中，以此达到稳固的效果。

 Nikon D7000用MB-D11手柄。

11.3 存储卡

SD卡

在中低端相机中，多使用SD卡作为存储介质，在较新的机型中，如Canon 60D、Nikon D7000等，使用的都是SD及SDHC高速卡。目前部分新机型也支持最新的SDXC高速卡，其最大容量可以达到2TB，存储速度也更高，即使是使用RAW格式进行连拍，也完全可以满足需要。

因此，只要不是经济上特别拮据，建议还是购买大容量、高品质的存储卡，如Kingston、SanDisk等，无论多么优秀的摄影作品，如果因为存储卡这种小零件的原因而损坏或丢失，那么一切都将付诸东流。

 Nikon D7000 用存储卡。

11.4 UV镜

UV 镜也叫紫外线滤镜，是滤镜的一种，主要是针对胶片相机而设计的，用于防止紫外线对曝光的影响，提高成像质量，增加影像的清晰度。而现在的数码相机已经不存在这种问题了，但由于其价格低廉，已成为摄影师用来保护数码相机镜头的工具。笔者强烈建议您在购买镜头的同时也购买一款UV 镜，以更好地保护镜头不受灰尘、手印以及油渍的侵扰。除了购买原厂的UV 镜外，肯高、HOYO、大自然及B+W 等厂商生产的UV 镜也不错，性价比很高。

绝大部分UV 镜都是与镜头最前端拧在一起的，而不同的镜头拥有不同的口径，因此，UV 镜也分为相应的各种口径，读者在购买时一定要注意了解自己所使用镜头的口径，如Nikon D7000 套机镜头的口径为67mm。口径越大的UV 镜，价格自然也就越高。

B+W生产的UV镜。

安装UV镜后，不会影响画面效果，夕阳美景尽收眼底。
17mm F14 1/100s ISO400

11.5 偏振镜

什么是偏振镜

偏振镜也叫偏光镜或PL镜，在各种滤镜中，是一种比较特殊的滤镜，主要用于消除或减少物体表面的反光。由于在使用时需要调整角度，所以偏振镜上有一个接圈，使得偏振镜固定在镜头上以后，也能进行旋转。

偏振镜分为线偏和圆偏两种，数码单反相机应选择有"CPL"标志的圆偏振镜，因为在数码单反相机上使用线偏振镜容易影响测光和对焦。

⬆ 肯高 67mm C-PL(W)偏振镜。

在使用偏振镜时，可以旋转其调节环以选择不同的强度，在取景器中可以看到一些色彩上的变化。同时需要注意的是，使用偏振镜后会阻碍光线的进入，大约相当于2挡光圈的进光量，故在使用偏振镜时，需要降低约2倍的快门速度，才能拍摄到与未使用时相同曝光效果的照片。

用偏振镜压暗蓝天

晴朗天空中的散射光是偏振光，利用偏振镜可以减少偏振光，使蓝天变得更蓝、更暗。使用偏振镜拍摄的蓝天，比使用蓝色渐变镜拍摄的蓝天要更加真实，因为使用偏振镜拍摄，既能压暗天空，又不会影响其余景物的色彩还原。

⬆ 安装偏振镜后，不会影响画面效果。
📷 17mm F14 1/100s ISO400

用偏振镜抑制非金属表面的反光

使用偏振镜拍摄的另一个好处就是可以抑制被摄体表面的反光。我们在拍摄水面、玻璃表面时，经常会遇到反光，从而影响画面的表现，使用偏振镜则可以削弱水面、玻璃以及其他非金属物体表面的反光。

用偏振镜提高色彩饱和度

如果拍摄环境中的光线比较杂乱，会对景物的色彩还原有很大的影响。环境光和天空光在物体上形成反光，会使景物颜色看起来不鲜艳。使用偏振镜进行拍摄，可以消除杂光中的偏振光，减少杂散光对物体色彩还原的影响，从而提高被摄体的色彩饱和度，使景物的颜色显得更加鲜艳。

 偏振镜下的花卉颜色很鲜艳，画面色彩饱和度较高，感觉很温馨。

📷 60mm F2 1/100s ISO400

11.6　中灰镜

什么是中灰镜

中灰镜即ND（Neutral Density）镜，又被称为中灰减光镜、灰滤镜、灰片等。它就像是一个半透明的深色玻璃，安装在镜头前面时，可以减少进光量，从而降低快门速度。当光线太过充足，导致无法降低快门速度时，就可以使用这种滤镜。

肯高 ND4 中灰镜（52mm）。

中灰镜的规格

中灰镜分不同的级数，常见的有ND2、ND4、ND8 三种，简单来说，它们分别代表了可以降低2倍、4 倍和8 倍的快门速度。假设在光圈为F16 时，对正常光线下的瀑布测光（光圈优先曝光模式）后，得到的快门速度为1/16s，此时如果需要以1s 的快门速度进行拍摄，就可以安装ND4 型号的中灰镜，或安装两个ND2 型号的中灰镜，也可以达到同样的效果。

一般按照密度对中灰镜进行分挡，常采用的密度值有0.3、0.6、0.9 等。密度为0.3 的中灰镜，透光率为50%，每增加0.3，中灰镜就会增加一倍的阻光率。

利用中灰镜降低画面进光量，延长曝光时间，得到天空云彩流动的画面效果。

17mm F11 10s ISO100

中灰镜在低速摄影中的应用

在进行体育摄影或风光摄影时，例如在光照充分的情况下拍摄溪流或瀑布，想要通过长时间曝光拍摄出丝线状的水流效果，就可以使用中灰镜来达到目的。

在光线充足的环境中拍摄时，利用中灰镜减少进光量，得到丝绸般效果的溪流画面。

📷 24mm F13 12s ISO100

中灰镜在人像摄影中的应用

在人像摄影中，经常会使用大光圈来获得小景深虚化效果，但如果是在户外且光线充足时，大光圈很容易使画面曝光过度，此时就可以尝试使用中灰镜降低进光量，这样，即使是在光线非常充足的情况下，我们也可以使用大光圈进行拍摄。

在阳光充足的户外拍摄时，为了使用大光圈虚化周围杂乱的环境，可利用中灰镜减少进光量。

📷 200mm F4 1/500s ISO400

11.7 中灰渐变镜

什么是中灰渐变镜

渐变镜是一种一半透光、一半阻光的滤镜，分为圆形和方形两种，在色彩上也有很多选择，如蓝色、茶色、日落色等。而在所有的渐变镜中，最常用的就是中灰渐变镜。中灰渐变镜是一种中性灰色的渐变镜。

⬆ 圆形及方形中灰渐变镜。

不同形状渐变镜的优缺点

圆形中灰渐变镜是安装在镜头上的，使用起来比较方便，但由于渐变是不可调节的，因此只能拍摄天空约占画面50%的照片；而使用方形中灰渐变镜时，需要买一个支架装在镜头前面才可以把滤镜装上，其优点就是可以根据构图的需要调整渐变的位置。

使用中灰渐变镜降低明暗反差

当被摄体之间的亮度关系不好时，可以使用中灰渐变镜来改善画面的亮度平衡关系。中灰渐变镜可以在深色端减少进入相机的光线，在拍摄天空背景时非常有用，通过调整渐变镜的角度，将深色端覆盖天空，从而在保证浅色端图像曝光正常的情况下，还能使天空具有很好的云彩层次。

⬆ 在拍摄山景时，可纳入天空云彩丰富的画面，由于通常地面与天空的明暗差距较大，因此可借助于中灰渐变镜压暗天空亮度。

📷 17mm F13 1/100s ISO400

 未安装中灰渐变镜前拍摄的画面。

11.8 快门线

在对稳定性要求很高的情况下，通常会采用快门线与脚架结合使用的方式进行拍摄。其中，快门线的作用就是为了尽量避免直接按下机身快门时可能产生的震动，以保证相机的稳定，进而保证得到更高的画面质量。

尼康MC-DC2快门线。

在夜间延长时间拍摄燃放的烟花时，用三脚架固定相机后，可使用快门线控制快门，以免手触动相机引起震动。

📷 11mm F11 6s ISO100

11.9 遥控器

尼康ML-L3遥控器。

如同电视机的遥控器一样，我们可以在远离相机的情况下，使用快门遥控器进行对焦及拍摄，通常这个距离是10m左右，这已经可以满足自拍或拍集体照的需求了。在这方面，遥控器的实用性远大于快门线。需要注意的是，有些遥控器在面对相机正面进行拍摄时，会存在对焦缓慢甚至无法响应等问题，在购买时应注意试验，并咨询销售人员。

STEP 01 进入**自定义设定**菜单，选择**c计时/AE锁定**中的**c5遥控持续时间**选项。

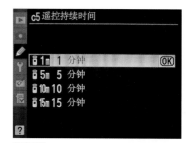

STEP 02 按下▲或▼按钮可选择不同的遥控持续时间。

使用遥控器，在跟小姐妹一起拍合影时，就不会因为少了自己而遗憾。
📷 50mm F2.5 1/160s ISO400

11.10　脚架

脚架是最常用的摄影配件之一，使用它可以让相机变得稳定，以保证长时间曝光的情况下也能够拍摄出清晰的照片。

按脚架的造型可分为独脚架与三脚架，脚架由架身与云台两部分组成，下面分别讲解其选购要点与使用技巧。

对比项目		说　明
铝合金	碳素纤维	目前市场上的脚架主要有铝合金和碳素纤维两种，二者在稳定性上不相上下。铝合金脚架的价格相对比较便宜，但重量较重，不便于携带；碳素纤维脚架的档次要比铝合金脚架高，便携性、抗震性、稳定性都很好，缺点是价格很贵，往往是相同档次铝合金脚架的好几倍
三脚	独脚	三脚架用于稳定相机，甚至在配合快门线、遥控器的情况下，可实现完全脱离相机的拍摄工作。 独脚架的稳定性能要弱于三脚架，且需要摄影师来控制独脚架的稳定性，由于其体积和重量都只有三脚架的1/3，无论是旅行还是日常拍摄都十分方便。独脚架一般可以在安全快门的基础上放慢3倍左右的快门速度，比如安全快门为1/150s时，使用独脚架可以在1/20s左右的快门速度下进行拍摄
三节	四节	大多数脚架可拉长为三节或四节，通常情况下，四节脚架要比三节脚架高一些，但由于第四节往往是最细的，因此在稳定性上略差一些。如果选择第四节也足够稳定的脚架，在重量及价格上无疑要高出很多。 如果拍摄时脚架的高度不够，可以提高三脚架的中轴来提升高度，但不要升得太高，否则会使三脚架的稳定性受到较大影响
三维云台	球形云台	云台是连接脚架和相机的配件，用于调节拍摄的方向和角度。在购买脚架时，通常会有一个配套的云台供使用，当它不能满足我们的需要时，可以更换更好的云台——当然，前提是脚架仍能满足我们的需要。 云台包括三维云台和球形云台两类。三维云台的承重能力强、构图十分精准，缺点是占用的空间较大，在携带时稍显不便；球形云台体积较小，只要旋转按钮，就可以让相机迅速转移到所需的角度，操作起来十分便利

 为了得到丝绸般的溪流效果，通常需要较长的拍摄时间，手持拍摄是不可能的，可选择用三脚架来固定相机。

📷 35mm　F11　10s　ISO100

11.11 外置闪光灯

　　外置闪光灯是一种辅助相机的重要摄影器材，拥有着强大、丰富且实用的功能，并且在现代化科技的发展下外置闪光灯的自动化也日益成熟。同时，由于外置闪光灯和相机靠热靴槽相连接，故被称为"热靴闪光灯"。

认识闪光灯的基本结构

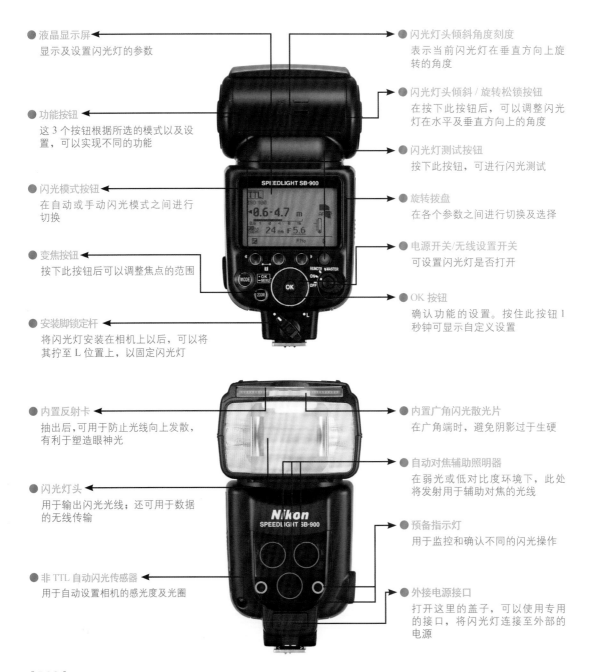

● 液晶显示屏
显示及设置闪光灯的参数

● 功能按钮
这 3 个按钮根据所选的模式以及设置，可以实现不同的功能

● 闪光模式按钮
在自动或手动闪光模式之间进行切换

● 变焦按钮
按下此按钮后可以调整焦点的范围

● 安装脚锁定杆
将闪光灯安装在相机上以后，可以将其拧至 L 位置上，以固定闪光灯

● 闪光灯头倾斜角度刻度
表示当前闪光灯在垂直方向上旋转的角度

● 闪光灯头倾斜 / 旋转松锁按钮
在按下此按钮后，可以调整闪光灯在水平及垂直方向上的角度

● 闪光灯测试按钮
按下此按钮，可进行闪光测试

● 旋转拨盘
在各个参数之间进行切换及选择

● 电源开关/无线设置开关
可设置闪光灯是否打开

● OK 按钮
确认功能的设置。按住此按钮 1 秒钟可显示自定义设置

● 内置反射卡
抽出后，可用于防止光线向上发散，有利于塑造眼神光

● 闪光灯头
用于输出闪光光线；还可用于数据的无线传输

● 非 TTL 自动闪光传感器
用于自动设置相机的感光度及光圈

● 内置广角闪光散光片
在广角端时，避免阴影过于生硬

● 自动对焦辅助照明器
在弱光或低对比度环境下，此处将发射用于辅助对焦的光线

● 预备指示灯
用于监控和确认不同的闪光操作

● 外接电源接口
打开这里的盖子，可以使用专用的接口，将闪光灯连接至外部的电源

使用尼康公司的闪光灯

如果希望使用专用的尼康闪光灯，有5个选择：尼康SB-900、SB-700、SB-600、SB-400这4款可以与相机直接连接的闪光灯，以及尼康SB-R200无线遥控闪光灯。

闪光灯型号	SB-900	SB-700	SB-600	SB-400	SB-R200
图片					
照明模式	标准、平均、中央重点	标准、平均、中央重点	标准、平均、中央重点	标准、平均、中央重点	标准、平均、中央重点
闪光模式	TTL、自动光圈闪光、非TTL自动闪光、距离优先手动闪光、手动闪光、重复闪光	i-TTL模式、距离优先手动闪光、手动闪光	TTL、i-TTL模式、D-TTL模式、均衡补充闪光、手动闪光	i-TTL模式、手动闪光（此模式不适用于Nikon D7000）	TTL、i-TTL模式、D-TTL模式、手动闪光
闪光曝光补偿	±3，以1/3挡为增量进行调节	±3，以1/3挡为增量进行调节	±3，以1/3挡为增量进行调节	±3，1/3挡为增量进行调节	±3，以1/3挡为增量进行调节
闪光曝光锁定	支持	支持	支持	支持	支持
高速同步	支持	支持	支持	支持	支持
闪光指数（m）	48（ISO200）	39（ISO200）	42（ISO200）	30（ISO200）	14（ISO200）
闪光范围（mm）	14～200（14mm需配合内置广角散光板）	14～120（14mm需配合内置广角闪光转换器）	14～85（14mm需配合内置广角闪光转换器）	27mm以上	约40mm
回电时间（s）	2.3～4.5	2.5～3.5	2.5～4	2.5～4.2	6
垂直角度（°）	向下-7、0；向上45、60、75、90	向下-7、0；向上45、60、75、90	向上0、45、60、75、90	向上0、60、75、90	向下0、15、30、45、60；向上15、30、45
水平角度（°）	左右旋转0、30、60、90、120、150、180	左右旋转0、30、60、90、120、150、180	左旋转0、30、60、90、120、150、180；右旋转30、60、90	-	-

SB-R200闪光灯主要用于进行微距摄影，在使用时，由两个SB-R200闪光灯与SU800无线闪光灯控制器以及其他相关的附件组成一个完整的微距闪光系统，又称为R1C1套装。

内置闪光灯用红外板
SG-3IR

柔性臂夹SW-C1

扩散板SW-12

系统附件工具包SS-MS1

 R1C1闪光系统的部分附件。

闪光指数的概念

闪光指数是评价外置闪光灯的重要指标，它决定了闪光灯在同等条件下的有效拍摄距离。以SB-900为例，在ISO100的情况下，假设光圈为F8，可以依据下面的公式算出此时该闪光灯的有效闪光距离。

同样条件下，如果使用Nikon D7000的内置闪光灯，可得到右侧的数据，由此对比不难看出，仅在闪光指数上，外闪就拥有更强大的性能。

尼康 SB-900 外置闪光灯有效闪光距离（m）：
闪光指数（48）÷ 光圈值（4）＝ 闪光距离（12）
Nikon D7000 内置闪光灯有效闪光距离（m）：
闪光指数（12）÷ 光圈值（4）＝ 闪光距离（3）

启用高速闪光同步

以Nikon D7000为例的内置闪光灯仅支持低速同步功能，即最高仅支持1/250s 的闪光灯同步速度；而使用外置闪光灯，则可以使用高速同步功能，它允许在快门速度为1/8000~1/250 s时使用闪光灯。

在明亮光线下拍摄人像或使用大光圈进行拍摄时，选择该选项可以以大光圈、高速快门进行拍摄。

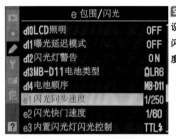

STEP 01 进入**自定义设定**菜单，选择e包围/闪光中的e1闪光同步速度选项。

STEP 02 按▲或▼按钮可选择闪光灯同步速度。例如，选择1/320s（自动FP）及1/250s（自动FP）后，在P或A模式下，当快门速度超过1/320s或1/250s时，将自动启用高速闪光同步功能。

在拍摄此照片时，采用离机闪光的方式将闪光灯置于模特左前方（加柔光罩）进行补光。为了使用大光圈获得浅景深虚化效果，必然需要使用较高的快门速度进行曝光，此时就需要启用外置闪光灯的高速闪光同步功能。

📷 135mm F5.6 1/125s ISO100

用跳闪方式进行补光拍摄

所谓跳闪，通常是指使用外置闪光灯通过反射的方式将光线反射到拍摄对象上，最常用于室内或有一定遮挡的人像摄影中，这样可以避免直接对拍摄对象进行闪光，造成光线太过生硬，且容易形成没有立体感的平光效果。

在室内拍摄人像时，常常通过调整闪光灯的照射角度，让其向着房间的顶棚进行照射，然后将光线反射到人物身上，这在人像、现场摄影中是最常见的一种补光形式。

↑ 跳闪补光示意图。

↑ 利用跳闪的方式拍摄人像，画面很柔和，不会在模特脸上留下厚重的阴影。

📷 50mm F5 1/125s ISO100

消除广角拍摄时产生的阴影

当使用闪光灯以广角焦距进行补光时，很可能会超出闪光灯的补光范围，因此就可能产生一定的阴影或暗角效果，此时将闪光灯上面的内置广角散光板拉下来，就可以基本消除阴影或暗角问题。

⬆ 广角散光板。

⬆ 使用散光板可以很好地消除阴影和暗角的问题。
📷 24mm F16 1/800s ISO100

为人物补充眼神光

眼神光板是中高端闪光灯才拥有的组件，尼康SB-800、SB-900 这两款闪光灯都有此功能，平时可收纳在闪光灯的上方，在使用时将其抽出即可。眼神光板最大的功能就是借助闪光灯在垂直方向旋转一定的角度，将闪光灯射出的少量光线反射至人眼中，从而形成漂亮的眼神光，虽然其效果并非最佳（最佳的方法是使用反光板补眼神光），但至少可以达到聊胜于无的效果，可以在一定程度上让眼睛更为有神。

➡ 好看的眼神光，使模特看起来水灵很多，在画面中尤为吸引人。
📷 35mm F7.1 1/800s ISO100

11.12　柔光罩

柔光罩是专用于闪光灯上的一种硬件设备，由于直接使用闪光灯拍摄时会产生比较生硬的光照，而使用柔光罩后，可以让光线变得柔和——当然，光照的强度也会随之变弱，可以使用这种方法为拍摄对象补充自然、柔和的光线。

在内置和外置闪光灯上都可以添加柔光罩，其中外置闪光灯的柔光罩类型比较多，比较常见的有肥皂盒、碗形柔光罩等，配合外置闪光灯强大的性能，可以更好地进行照亮或补光处理。

 外置闪光灯的柔光罩。

在室内拍摄时光线较暗，在闪光灯上安装柔光罩后，拍摄出的画面很柔和。

📷 16mm F4.5 1/200s ISO200

11.13 反光板

　　反光板在拍摄人像时起辅助照明作用，其反射的光线有时也作为人像摄影的主光使用。反光板的材质有锡箔纸、白布、米波罗等，制成不同的反光表面，可产生软硬不同的光线。

　　常用的反光板有白色、金色、银色等几种。

 反光板。

在背光拍摄时，使用反光板可得到柔和的补光。

📷 50mm　F9　1/500s　ISO100

第12章

构图

12.1 什么是构图

⬆ 使用横画幅构图拍摄，并将太阳置于黄金分割线上，画面被表现得十分宽广，颜色也异常瑰丽。

摄影构图是指摄影师通过对被摄对象的认真观察，从客观的混乱表象中找出秩序来，并利用摄影手段在画面中组织、经营构成摄影画面的元素，最终使要表达的内容以较为美观的形式展现出来。

经过上百年的发展，摄影大师们总结出了许多经典的构图形式，这些通过无数实践总结出来的视觉表现经验，是符合大多数人心理审美需求的智慧结晶，也是每一个刚进入摄影殿堂进行学习的摄影爱好者应该掌握的规则。通过学习这些规则与经验，可以让初涉摄影的爱好者在最短的时间里掌握摄影的构图规律，在开阔思路的同时，提高创作水平，拍摄出优秀的摄影作品。

摄影是一种视觉美的表现形式，每一幅摄影作品光有内容是不行的，必须通过构图的手段将这些内容以艺术化表现形式呈现给观众，使观众首先在视觉上感受到照片的美妙，才可以称得上是一幅好照片，可以说构图形式是一幅照片的骨架。除了使照片更美观，构图还起到突出画面重点的作用，未经摄影师构图处理的画面通常显得散乱，画面重点不清，这直接影响了照片要表现的主题。

12.2 构图时要关注画面主体

　　绘画中讲究"画龙点睛"，同属于画面视觉艺术的摄影也是如此，即在画面的关键位置安排主体可以使作品更加传神、突出。例如，湛蓝天空中的一行归雁、山村农舍中升起的袅袅炊烟、金色油菜花田中的红衣农妇，如果把这些突出、亮丽的景物安排在画面最醒目的位置，就会成为画面中的点睛之笔；反之，如果画面中缺少这些要素，就会失去趣味中心，自然就显得平淡无奇了。

　　在画面中能够起到点睛作用的物体一般具有如下特点。

- 体积较小：如果主体占据的画面面积过大，反而起不到点睛的作用。
- 色彩突出：主体的色彩要与整个画面的基调色彩形成对比，如果颜色不够突出，应尝试从明暗或背景方面进行区分。
- 位置最佳：起到点睛效果的主体最好放在画面黄金分割的4个最佳视点上。

低水平线构图使天空显得格外辽阔，而天空中厚厚的云朵的出现则成了画面的表现中心，也让画面得到了升华。

12.3 多方位拍摄全角度表现

对任意一种事物而言，我们都可以从不同的角度去观察和拍摄，而这种角度的差异，如机位的高低、水平方向上的变化、整体与局部的不同等，也决定了拍摄的结果会大相径庭。

作为一名摄影师，要拍摄出优秀的、特别的作品，就应不断地去尝试新的视角，并取拍摄对象最精华的部分取景拍摄。例如，在下面的组图中，就是以同一人物作为拍摄对象，分别采取不同的机位、视角及景别进行拍摄，得到的画面视觉感受也是迥然不同的。

100mm F2.2 1/400s ISO100

135mm F2.8 1/400s ISO200

85mm F1.8 1/400s ISO100

80mm F2.8 1/400s ISO200

摄影师以同一少女为拍摄对象，采用不同的方位来展现，画面获得了完全不同的视觉效果。

12.4 重视摄影中的视觉流程

什么是视觉流程

在摄影作品中，摄影师可以通过构图技术，引导观者的视线跟随画面中的景象由近及远、由大到小、有主及次地欣赏，这种顺序是基于摄影师对照片中景物的理解，并以此为基础将画面中的景物安排为主次、远近、大小、虚实等的变化，从而引导欣赏者第一眼看哪儿，第二眼看哪儿，哪里多看一会儿，哪里少看一会儿，这实际上也就是摄影师对摄影作品视觉流程的规划。

一个完整的视觉流程规划，应从选取最佳视域、捕捉欣赏者的视线开始，然后是视觉流向的诱导、流程顺序的规划，最后到欣赏者视线停留的位置为止。

摄影师以竖画幅拍摄，将雪地上的痕迹引向远处的太阳，从而很好地在画面中成为了观看的视觉流程。

📷 33mm F11 1/100s ISO200

利用光线规划视觉流程

高光

创作摄影作品时，可以充分利用画面中的高光，将观者的视线牢牢地吸引住。例如，在拍摄人像特写时，可以使用眼神光。金属器件、玻璃器皿、水面等也都能够在合适的光线下产生高光。

如果扩展这种技法，可以考虑采用区域光（也称局部光）来达到相同的目的。例如，在拍摄舞台照片时，可以捕捉追光灯打在主角身上，而周围比较暗的那一刻。在欣赏优秀风光摄影作品时，也常见几缕透过浓厚云层的光线照射在大地上，从而形成局部高光的佳片，这些都足以证明这种拍摄技法的有效性。

⬆️ 📷 远处的夕阳亮光是画面的视觉中心，吸引着观者的注意力。
24mm F10 10s ISO800

暗角

使用广角镜头或鱼眼镜头拍摄景物时，画面的四周会出现明显的暗角，这些暗角虽然在一定程度上影响了画面的美观，但暗角的出现却强迫观者将注意力集中在画面的中心位置。

所以，当我们需要将视线集中在画面的中心时，可以采用这种技法来达到目的。除了使用器材外，在后期处理时，还可以通过在Photoshop中将画面四周亮度降低的方法来为照片四周快速添加暗角。

⬆️ 📷 画面中的暗角使画面看起来纵深感更强。
17mm F16 1/250s ISO100

光束

由于空气中有很多微尘，所以光在这样的空气中穿过时会形成光束。例如，透过玻璃从窗口射入室内的光线、透过云层四射的光线、透过树叶洒落在林间的光线、透过半透明顶棚射入厂房内的光线、透过水面射入水中的光线等都有明确的指向，利用这样的光线形成的光束能够很好地引导观者的视线。

如果在此基础上进行扩展，使用慢速快门拍摄的车灯形成的光轨、燃烧的篝火中飞溅的火星形成的轨迹、星星形成的星轨等都可以归入此类，在摄影创作时都可以加以利用。

⬆️ 📷 天空中的光束在暗背景的衬托下显得更加明显。
80mm F13 1/20s ISO100

利用线条规划视觉流程

线条是规划视觉流程时运用最多的技术手段，按照虚实可以把线条分为实线与虚线。此外，根据线条是否闭合，可将其分为开放线条与封闭线条。

视线

当照片中出现人或动物时，观者的视线会不由自主地顺着人或动物的眼睛或脸的朝向观看，实际上这就是利用视线来引导欣赏者的视觉流程。

在拍摄这类题材的作品时，最好在主体的视线前方留白，这样不但可以使主体得到凸显和表达，还可以为观者留下想象空间，使作品更耐人寻味。

虚线

大多数虚线线条在画面中并非实际存在，而是隐含在画面中的，线条感并不十分明显。

富有经验的摄影师可以利用画面中若隐若现的"虚线"，将那些看起来似乎杂乱无章的线条有序地组织起来，使画面既有良好的视觉效果，又可以很好地引导观者的视线。

例如，当画面中出现一个箭头或有指向的手指时，其指向的方向就能够形成一条虚线，从而将观者的注意力引向所指的方向。

如果扩展这种思路，实际上画面中任何有运动方向的元素，如散步的人、奔跑的动物、一串脚印等，都能将观者的视线导向有运动趋势的虚线方向。

模特眼神望向画面外，为观者提供想象空间。
200mm F4 1/500s ISO100

雪地上的脚印可引导观者的视线望向远处的树木。
17mm F8 1/250s ISO100

景物线条

任何景物都有线条存在。例如，无论是弯曲的道路、溪流，还是笔直的建筑、树枝、电线杆，都会在画面中形成有指向的线条。这种线条不仅可以给画面带来形式美感，还可以引导观者的视线。

⬆ 广角镜头的使用使画面中有规则的麦田形成透视牵引构图，强调了画面的空间感、纵深感。
📷 50mm F8 1/500s ISO400

画框

前面讲述的各种线条都是开放的线条，而画框则是一个封闭的线条，利用这个封闭的线条，能够有效地收拢观者的视线，使画面主体更加清晰和突出，从而使观者的视线被牢牢锁定在画面主体上。

⬅ 自然形成的岩石框不仅可美化画面，还可将观者的视线集中在远处的风景上。

📷 10mm F7.1 1/200s ISO100

12.5 基本元素

点

点在几何学中的概念是没有体积，只有位置的几何图形，直线的相交处和线段的两端都是点。只要具备一定的条件，任何事物都可以成为摄影画面中的点。比如说人，甚至房屋、船等，只要距离够远，在画面中都可以以点的形式出现。

在大雾笼罩的清晨，主人和他的小狗在草地上慢慢走动，在画面中以点的形式出现，看起来十分生动。

📷 35mm F8 1/100s ISO200

在实际拍摄时，会有很多具有点的性质的对象出现在画面中，在位置安排上既要统一又要有所变化，数量的多少依内容而定，从而在深刻表达主题的同时增强画面的视觉冲击力和形式美感。

当画面中只有一个点时，这个点要能够集中观看者的视线，并且要能根据拍摄者的意图来表现不同的视觉感受。

当画面中有两个点时，人的视线会从较大的点向较小的点移动，给人以视觉上的跳跃感，并增强了画面的纵深感。

当画面中有多个点时，在拍摄时要安排好点的排列、疏密等关系，使其在画面中形成一定的韵律，切忌点的安排过于繁多、杂乱。

摄影师将大小不一的树木以点的形式安排在画面中，画面表现出一种节奏的跳跃感。

线

在几何学上，点向任何方向移动所形成的轨迹就叫做线。在摄影中，线条既是表现物体的基本手段，也是使画面具有形式美感的主要方法。在进行摄影构图时，要善于发现并提炼物体中的线条，这样有助于产生不同的画面效果，起到深化主题的作用。

垂直线给人一种很有力的感觉，代表着生命、尊严、永恒。由于垂直竖线具有透视汇聚的效果，所以可以使被摄体显得高大、宏伟。

➡ 竖画幅构图使笔直的树木更显生命感和挺拔感。

📷 13mm F4 1/320s ISO100

水平的直线可以使画面富有静态美，使人感觉稳定、平静、安定，常用来展现开阔的视野和壮观的场面。但是，如果把直线放在画面的正中间，形成对等分割，会让人觉得生硬。

➡ 低水平线构图拍摄，使湖面显得更加平静、安稳。

📷 12mm F16 13s ISO100

折线也是一种可以使画面呈现动感的线条，并且可以起到引导视线走向的作用。只是在效果上，折线要比斜线回转、含蓄一些。

利用折线构图来拍摄，远去的线条将人的视线也带向了远处。

19mm F13 1/125s ISO100

斜线是一种有上升或下降变化的线条，不仅能使人联想到动感和活力，也能让人感觉到动荡、危险等。而且，动感效果的强烈程度与斜线有关，斜线的长度越长，动感效果越强烈。

利用斜线构图来拍摄水景，画面的动势和空间感均得到了很好的表现。

19mm F9 1/40s ISO200

相对于直线而言，曲线更富有自然美，所表现出来的情感也更加丰富。如果说直线具有男人刚毅的气质，那么曲线表现的是女性化的柔和、优美。

曲线构图的使用使画面看起来婉转、悠扬，十分柔美。

21mm F10 1/80s ISO200

面

面在摄影中可以作为元素的载体或画面的主体出现，而面的形成则可以依据线条或色彩进行划分，划分后的画面呈现出不同的面的形式，不同的面在画面中具有不同的视觉倾向和视觉感受。

此外，面可以是实体，也可以是虚体，尤其是面作为虚体的概念时，如果能够深入理解并掌握，就能够扩展摄影师的创作思路。

在不同角度拍摄同一物体时，可以拍摄到不同的面。这些面中有的可能很美，有的可能很平凡，这就需要我们去寻找、发现物体最美的面。

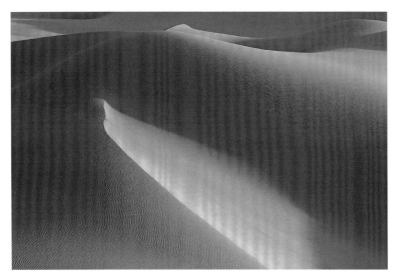

摄影师将沙丘上受光部分与背光部分一并展现出来，作品中面的感觉被表现得十分漂亮。

摄影构图中点、线、面的综合运用

对摄影构图而言，点、线、面都不是只能单独存在的，甚至有人曾说：一幅照片就应该是点、线、面三者同时存在，只有这样才是一幅完整的构图。暂且不讨论这种说法是否正确，但在一个画面中，确实常常涉及到三者的综合运用，此时，只有使它们相互协调、相互平衡，才能够获得最佳的构图效果。

以逆光光线拍摄水景，火红的天空、玩耍的游人、动荡的波浪使画面点线面交加，看起来十分协调、美观。

📷 200mm F11 1/800s ISO400

12.6 画面的组成

主体

在一幅照片中，主体不单起着吸引观者视线的作用，同时也是表现照片主题最重要的部分，而主体以外的元素，则应该围绕着主体展开，作为突出主体或表现主题的陪衬。

从内容上来说，主体可以是人，也可以是物，甚至可以是一个抽象的对象，而在构成上，点、线、面也都可以成为画面的主体。

以人物为主体进行拍摄，大光圈的使用使画面背景虚化，人物变得十分突出。

📷 85mm F1.8 1/125s ISO500

陪体

　　陪体在画面中并非必须，但恰当地运用陪体可以让画面更为丰富，还可以渲染不同的气氛，对主体起到解释、限定、说明的作用，有利于传达画面的主题。

拍摄少女肖像时，以花朵作为陪体，少女看起来更加可爱且充满了喜悦之感。

📷 85mm F2 1/800s ISO100

环境

　　我们通常所说的环境，就是指照片的拍摄时间、地点等。而从广义来说，环境又可以理解为社会类型、民族以及文化传统等，无论是哪种层面的环境因素，主要都是用于烘托主题，进一步强化主题思想的表现力，并丰富画面的层次。

　　相对于主体来说，位于其前面的即可理解为前景，而位于主体后面的则称为背景，从作用上来说，它们是基本相同的，都用于陪衬主体或表明主体所处的环境。

　　只不过我们通常都是采用背景作为表现环境的载体，而采用前景的时候则相对较少。

　　需要注意的是，无论是前景还是背景，都应该尽量简洁——简洁并非简单，前景或背景的元素可以很多，但不可杂乱无章，影响主体的表现。

女孩坐在路旁，双手扶地，路上是来往的车辆，摄影师以大光圈拍摄，女孩被表现得十分突出，同时环境也被很好地交代出来。

135mm F3.5 1/200s ISO200

12.7 灵活使用前景

所谓前景，就是处于主体和镜头之间、靠近镜头的景物，前景的位置常常安排在画面的边缘，经常见到的前景有树木和花草等，有时候也可以是人或者物。前景在画面中的作用有很多，一般有以下几个。

渲染季节气氛和地方色彩

一幅画面中，如果使用一些花草树木做前景，画面就会具有浓郁的生活气息。例如，在春暖花开的季节，经常用各种花类作为前景，这样既交待了拍摄照片的季节，又给画面增添了春意；到了秋天，就会用一些红叶等作为前景，这些都为照片赋予了季节气息。

 以盛开的野花作为前景来进行拍摄，画面很好地交代出了春的气息。
📷 21mm F18 1/2s ISO400

加强画面的空间感和透视感

距离镜头比较近的景物，在画面中会表现出成像大的特点，与距离镜头比较远的景物会形成明显的大小对比，这样的画面会给人空间距离的感觉，而不是单纯的平面感觉。景物由于远近距离的不同，在画面中所占面积比例相差也比较大，给人的想象空间也越强，空间感和透视感就越明显。

以海边的礁石为前景，礁石近宽远窄的透视效果使画面的空间感得到了加强。

前景的运用可增加画面的装饰美

在前景中加入一些规则排列的物体，或者是具有图案的物体，例如增添一个精美的画框或花边，会使画面显得生动活泼，又增加了美感。

以海面上的建筑物作为前景，恰巧形成的画框效果不仅使远处的夕阳格外醒目，同时也让整个画面充满了美感。

📷 110mm F5.6 1/400s ISO100

前景给画面创造现场气氛

由于人们对摄影艺术审美观念的变化和发展，对于照片的要求越来越趋向自然、真实，要求有现场的气氛。虚化的前景可以强调出这种现场气氛，而且前景的虚化也有助于突出主体的实，以虚衬实。无论是拍摄动物、人像还是风光，这样的方法都很适用。

在实际拍摄时，前景的运用往往同时融合了多种效果。但是要注意，前景的使用不可太过，在可有可无时，为了画面的简洁可舍弃不用。如果要使用前景，其形状和线条结构要与主体相呼应，帮助表达主题思想。

虚化的前景不仅使身穿白衣的女孩更加突出，也使整幅画面富有一种现代感。

📷 135mm F3.5 1/80s ISO100

12.8 灵活使用背景

背景是指处于主体位置后面的景物，主要用来衬托主体，交待主体所处的环境。

无论是哪种题材的摄影爱好者都很重视背景的作用，例如风光、人像和静物等题材，背景起着烘托主体的作用。背景对于画面的重要性甚至可以决定一幅照片的成败。一幅照片中，即使主体、陪体和姿态等都很理想，但是如果没有处理好背景还是失败的照片。在使用背景时要注意以下几点。

抓明显的特征

和前景的选择一样，可以选择一些富有地方、时代特征的背景，交代拍摄的时间、地点，辅助画面主题的表达。

把现代都市的街头作为画面背景，人物的时尚、现代之感更加凸显。

85mm F2 1/640s ISO200

力求画面简洁

　　"绘画和摄影艺术表现手段的不同，在于绘画用的是加法，摄影用的是减法。"绘画反映的是生活，总是给画面添上些东西，而摄影是减去那些不必要的东西。减去多余因素的手段有很多，其中最重要的就是减去背景中影响主体突出的因素，使画面达到简洁的效果。

　　许多有经验的摄影者都会采用各种不同的摄影手法来简化背景。例如，用俯拍的方法，以单一的元素为背景（如草地、水面等），清晰地表现主体的轮廓。

　　又如，利用逆光将杂乱的背景隐藏在阴影中，或者利用晨雾将杂乱的背景隐没。

利用晨雾将背景中杂乱的树木隐藏，人物变得格外突出。

　　还有一种方法是使用仰角避开地平线上杂乱的景物，将拍摄主体衬托在天空上。

　　使用仰拍的角度将天空作为背景，可以使画面简洁，突出对主体的表现。

　　只要能够达到简化背景的效果，各种方法都可以尝试。常见的简化背景的方式还有使用长焦距、大光圈将背景虚化等。

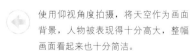

使用仰视角度拍摄，将天空作为画面背景，人物被表现得十分高大，整幅画面看起来也十分简洁。

12.9 画幅

横画幅

横画幅是日常拍摄中最常用的一种画幅形式。横画幅构图被人们广泛地应用主要是因为横画幅符合人们的视觉习惯和生理特点，因为人的双眼是水平的，很多物体也都是在水平面上进行延伸的。水平的横画幅构图给人以自然、舒适、平和、宽广的视觉感受。在横画幅构图中由于水平线被突出，往往能够使画面在视觉心理上产生一种稳定感，从而能够表现对象之间的横向联系与排列。另外，横画幅还能够使对象的水平运动趋势得以突出，有利于表现高低起伏的节奏感。在表现全貌的大场景时，横画幅比竖画幅更具气势，场面更宏伟。横画幅经常用于拍摄风光、人物群体肖像、建筑全貌等。

在使用横画幅构图来拍摄风光时，可取得十分宽广的效果,使作品看上去更加自然平和。

75mm F9 1/60s ISO200

竖画幅

　　竖画幅常用于拍摄垂直方向上的对象，竖画幅构图使观者的视线在上下空间中进行浏览，适合表现具有明显垂直线特征的对象，例如站立的人物、高耸的建筑、高大的树木等，以表现被摄主体的高大、挺拔、崇高之势。

　　竖画幅还有利于将画面上下部分的内容联系在一起，因此也适合表现较远的对象，以及对象在同一平面上的延伸和远近层次，以体现画面在垂直方向的纵深感、空间感。

　　是否选择竖画幅，还应该考虑主体与环境之间的逻辑关系，如果两者之间的逻辑关系是纵向上展开的，就应该选择竖画幅，否则应该选择横画幅。

　　另外，如果所使用的镜头焦距小于28mm，则不适合拍摄竖画幅的照片，因为大广角镜头夸张的透视关系，不适合用竖画幅来展现。

使用竖画幅构图来拍摄竹子时，竹子看起来十分高大，同时画面也产生了一种向上的张力。

📷 18mm F11 1/250s ISO200

方画幅

　　方画幅的长宽等长，是处于横画幅与竖画幅之间的一种中性的画幅形式，常给人一种均衡、稳定、静止、调和、严肃的视觉感受。

　　方画幅有利于表现对象的稳定状态，常用来表现庄重的主题。另外，方画幅如果使用不当，容易使画面显得单调、呆板和缺乏生气。

这张作品采用方画幅构图拍摄，花瓣向外散开，从而避免了画面的呆板。

📷 15mm F6.3 1/500s ISO100

宽画幅

　　与横画幅相比，宽画幅具有更大的宽度，达到了2∶1甚至更大的比例，使得视野更加开阔。目前，使用数码单反相机拍摄得到的宽画幅照片，通常都是拍摄后进行后期的裁剪，或通过拍摄多张照片再拼合在一起的方式得到的。

　　宽画幅的使用，让画面看起来十分辽阔，而局域光的运用，则让画面的光影感格外迷人。
　　📷 105mm　F4　1/320s　ISO100

超宽画幅

　　超宽画幅是指在保持一定画面高度的情况下，在水平方向上实现非常宽阔的视觉效果，比常见的横画幅要宽出许多，常用于风光、环境或建筑摄影中，用来表现画面的整体场景，因此又被称为全景图。

　　对数码单反相机而言，超宽画幅的照片是无法直接拍摄完成的，通常都是在保持相同高度的视角、相同曝光参数的情况下，在水平方向上移动相机的视角，连续拍摄多张照片，最后通过后期处理软件进行合成获得的。

　　超宽画幅的使用，使画面变得无比宽广、开阔，看上去气势十分宏伟。

12.10 景别

远景

　　远景是从远距离拍摄所得到的画面景别，通常包括广阔的空间和较多的景物，易于表现环境和气势，但不利于交代具体的细节。

　　在远景画面中，空间环境塑造是画面的主要任务，情节、细节的塑造则降至次要地位，可以营造出深远的意境，抒发创作者的情怀。但远景画面忌讳景物庞杂、重叠以及五彩缤纷的影调，画面中必须有主体景物和主要色调。

　　处理远景要注意"远取其势，大处着眼"，寻找具有概括力的形象，并提炼景物大的线条、轮廓等。另外，远景画面往往会有意识地运用前景强化空间感，丰富画面语言。但如果画面要表现空旷辽阔之感，则不宜在近距离安排成像较大的前景景物。此外，远景画面还经常会寻找某一事物作支点，起到结构画面和参照物的作用。

　　远景拍摄的海面落日场景，画面中海浪占据了大片部分，人物的剪影则成了画面的点睛之处。

　　 155mm F11 1/100s ISO400

全景

　　全景对于人像一般是指包括成年人全身的景别，对于其他事物则是指保留事物完整的外部轮廓线、表现其全貌，并且周围没有过多空白的景别。全景一般用来客观表现被摄体的全貌，基本没有过多人为主观的取舍。

　　全景画面往往用来交代事物之间的相互关系以及各个事物在画面中的位置、空间、方向等，常用在影视段落的开始，起到确定总体光线、影调、色调、情感基调的"定位"作用。

　　全景画面中，环境还占有一定的画面空间，能够交代被摄事物与环境的密切关系，还可以渲染画面的整体气氛。处理全景画面需要注意确保主体形象的完整性。拍摄时既要避免"缺边少沿"，破坏了事物外部轮廓线的完整；也不能"顶天立地"，要在主体周围保留适当的空间。

全景拍摄人像，可让人物整体及环境都表现出来。

135mm F3.5 1/500s ISO200

中景

中景通常是指选取拍摄主体的大部分，从而对其细节表现得更加清晰，同时，画面中也会拥有一些环境元素，用以渲染整体气氛。如果是以人体来衡量，中景拍摄主要是拍摄人物上半身至膝盖左右的身体区域。

以中景方式拍摄人像，除了能表现人物上半身的形态，还能交代出与周边环境的关系。

135mm F2.8 1/125s ISO200

近景

近景对于人像一般是指包括人的胸部以上部分的景别，对于其他事物则是指只包括被摄对象主要部分的景别。

采用这种景别来拍摄人像时，画面要注重表现人物的神态、情绪和细节，拍摄时要注意"近取其神"，处理好人物的头部姿态、面部表情、眼睛及嘴部的细微动作等。另外，如果画面摄入了人物的手，还要特别注意其手部动作。

采用这种景别拍摄其他景物时，要注重表现物体的局部特征，注意以"近取其质"的原则来拍摄，运用光线表现物体的质地、纹理、层次。

在近景画面中环境空间已完全处于陪衬地位，主体得以进一步突出，有一种强行"放大"的感觉，加强了对观众视觉的"强制性"。

近景拍摄的少女图像，主要表现少女的手部动作及面部神态。

85mm F4 1/200s ISO200

特写

特写可以说是专门为刻画细节或局部特征而使用的一种景别，在内容上能够以小见大，而对于环境，则表现得非常少，甚至完全忽略了。

需要注意的是，正因为特写景别是针对局部进行拍摄，有时甚至会达到纤毫毕现的程度，因此对拍摄对象的要求会更为苛刻，以避免细节不完美而影响画面的效果。

运用长焦距镜头或运用微距镜头近距离拍摄，都可以获得特写画面。特写画面可以起到突出、强调事物或其局部的作用，将被摄对象从背景中分离出来，从而简化背景，突出主体。

摄影师以特写形式拍摄女孩的手部，其细腻的质感被表现得十分突出。

🅾 50mm F11 1/125s ISO125

12.11 拍摄方向

正面拍摄

正面拍摄即相机与被摄体的正面相对进行拍摄。使用正面进行拍摄，可以很清楚地展示被摄体的正面形象。

虽然用正面拍摄人像可以显示出亲切感，拍摄建筑能表现建筑较全面的特点，如对称的风格，但是由于正面拍摄时，只能看到主体的一面，缺乏立体感，所以正面拍摄不适合用于表现造型多变、层次丰富的题材。

以自然光正面拍摄人物，人物在环境中显得十分自然、亲切。

85mm F2.5 1/800s ISO100

侧面拍摄

　　侧面拍摄，就是相机位于与被摄体正面成90°的位置进行拍摄。使用侧面进行拍摄，可以凸显被摄体的轮廓。

　　当使用侧面拍摄人像时，眼神朝向的方向一定要留有空白，为画面增添想象的空间。而且侧面拍摄还能给人一种含蓄的感觉，使观者产生一种想一睹"庐山真面目"的感觉。拍摄昆虫时，使用侧面能够较好地表现其轮廓感，而在拍摄蝴蝶等有花纹的昆虫时，侧面拍摄尤其能够完美地展现其翅膀上的纹理。

通过侧面拍摄少女的脸部及肩部，其轮廓线被表现得十分清楚。而眼睛前方的留白，也使画面给人一种想象的空间。

📷 85mm F4 1/100s ISO125

85mm F2.8 1/1250s ISO100

背面拍摄

背面拍摄，就是相机位于被摄体后方的位置进行拍摄。背面拍摄意境更含蓄。使用背面拍摄，融入环境以衬托主体，虽然看不到主体的正面感觉，但是可以通过环境进行想象。

12.12 拍摄视角

平视拍摄

　　平视是指摄影机镜头与被摄对象处在同一水平线上，这种拍摄高度比较符合人们平常的视觉习惯和视点，而且所得画面的透视关系、结构形式都和人眼看到的大致相同，因而能给人以心理上的亲切感，适于表现人物的感情交流和内心活动，较常用在日常摄影中。

　　使用平视角度拍摄时，需要注意以下问题。

　　首先要有选择地简化背景。平视角度拍摄容易造成主体与背景景物的重叠，因此要想办法简化背景。

　　其次要突出主要形象，避免主体、陪体、背景层次不清、主次不分。

　　最后要避免线条分割画面，即远处的地平线或海平线不能在画面中间穿过，造成画面的分裂感。拍摄时可以利用高低不平的物体如山峦、树木等分散观者的注意力，还可利用画面中从前景至远方的线条变化加强深度感，从而减弱横向地平线的分割力量。

　　平视角度拍摄的画面比较规矩、平稳，不易表现特殊效果，因而在实际拍摄中要大胆变换拍摄高度，给画面构成带来丰富的变化。

平视角度拍摄，通过大光圈的使用让背景虚化，人物变得十分清晰。

平视角度拍摄，将焦点对准在人物的面部，背景的叶子虚化，画面主次分明。

📷 85mm F2.8 1/2000s ISO200

俯视拍摄

俯视角度拍摄是摄影机镜头处在正常视平线之上，由高处向下拍摄被摄体的方法。俯视角度拍摄有利于展现空间、规模、层次，可以表现出远近景物层次分明的空间透视感，有利于表现画面主体如山脉、原野、阅兵式等的气势或地势，也有利于展示物体间的相互关系。

俯拍角度会改变被摄事物的透视状况，形成上大下小的变形，尤其在使用广角镜头时更为明显，拍摄时要加以控制。

俯视角度拍摄往往具有强烈的主观感情色彩，常表示反面、贬义或蔑视的感情色彩。俯视角度拍摄还具有简化背景的作用，当拍的背景为水面、草地等单纯景物时，能够取得纯净的背景，从而避开了地平线上杂乱的景物。

另外，俯视角度拍摄可以造成前景景物的压缩，使其处于画面偏下的位置，从而突出后景中的事物。

采用俯视角度拍摄时，地平线往往在画面上方，可以增加画面的纵深感，使画面透视感更强。

 俯视角度拍摄大雾中的绿林和河流，作品被表现得虚实相间，透视感凸显。

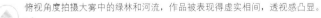 15mm F4 1/200s ISO200

仰视拍摄

仰视角度拍摄是将摄影机镜头安排在视平线之下，由下向上拍摄被摄体。仰视角度拍摄往往有较强的抒情色彩，可使画面中的物体呈现某种优越感，暗含高大、赞颂、敬仰、胜利等意义，能让观者产生相应的联想，具有强烈的主观感情色彩。

仰视角度拍摄有利于表现位置较高或高大垂直的景物，特别是当景物周围的拍摄空间较小时，仰视角度拍摄可以充分利用画面的深度来包容景物的体积。

 仰视拍摄竹林，竹子显得非常高大，向上的扩张力也特别强。

仰视角度拍摄还有利于简化背景，按这种角度拍摄的画面通常以干净的天空作为背景，从而避开了主体背后杂乱的景物，使画面更简洁，突出了主体。

用广角镜头、近距离以仰视角度拍摄景物时，可以夸大前景物体，压缩背景景物，从而突出前景景物的地位，这种手法被称为配景缩小法。这种拍摄手法会使景物本身的线条向上产生汇聚，从而产生一种向上的冲击力，形成夸张变形的效果。

另外，仰视角度拍摄往往使地平线处于画面的下方，可以突出画面宽广、高远的横向空间感。

➡ 仰视拍摄建筑，建筑物显得异常高大，在天空的映衬下画面也被表现得简洁、明了。

📷 20mm F8 1/500s ISO200

12.13　经典构图形式

黄金分割法解析

　　黄金分割是一种由古希腊人发明的几何学公式，其数学解释是将一条线段分割为两部分，使其中一部分与全长之比等于另一部分与这部分之比。其比值的近似值是0.618，由于按此比例设计的造型十分美丽，因此这一比例被称为黄金分割。

　　"黄金分割"公式也可以从一个正方形来推导，将正方形底边分成二等份，取中点x，以x为圆心，线段xy为半径画圆，其与底边直线的交点为z点，这样将正方形延伸为一个比率为5:8的矩形，y点即为"黄金分割点"，$a:c=b:a=5:8$。

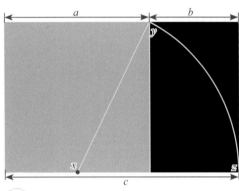

黄金分割法示意图。

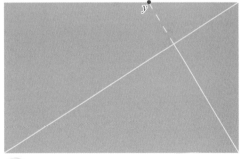

黄金分割的另一种形式示意图。

摄影师通过对黄金分割构图的运用，让人物在画面中显得轻松自然，看起来十分舒服。

📷 135mm　F2.8　1/60s　ISO200

水平线构图

利用高水平线构图拍摄海景，通过海水与天空的面积对比，海水被表现得十分突出。

📷 17mm F6.3 5s ISO50

水平线构图能使画面向左右方向产生视觉延伸感，增加画面的视觉张力，给人以宽阔、安宁、稳定的画面效果。在拍摄时可根据实际拍摄对象的具体情况安排、处理画面的水平线位置。

如果天空较为平淡，可将水平线安排在画面的上三分之一处，着重表现画面下半部的景象，如果所拍摄的场景有大面积水域，会得到不同的拍摄效果。

反之，如果天空中有变化莫测、层次丰富的云彩，可将画面的表现重点集中于天空的呈现上，这时可调整画面水平线，将其放置在画面的下三分之一处。

除此之外，摄影师还可以将水平线放置在画面中间位置上，以均衡对称的画面形式呈现开阔、宁静的画面效果，此时地面或水面与天空各占画面的一半。

利用低水平线构图拍摄，通过天空与草地的面积对比，天空中的云朵被表现得十分壮观。

📷 14mm F8 1/125s ISO200

利用中水平线构图拍摄，实物与倒影上下呼应，画面看起来十分安稳、宁静。

📷 23mm F11 1/80s ISO100

垂直线构图

垂直线构图能使画面在上下方向产生视觉延伸感，给人一种挺拔纤细、高高在上的感觉。在风光摄影中，为了获得和谐的效果，线条的分布与组成就成了不得不考虑的问题。我们要做的就是在安排垂直线的同时，不要让它将画面割裂。

使用垂直线构图拍摄密集的竹林，画面有种无限向上延伸的感觉。

在人像摄影中，垂直线构图可以起到拉伸人物线条的作用，使人物显得更加挺拔；拍摄建筑时，垂直线构图还可以使主体显得更加高大。垂直线构图没有限制题材，摄影爱好者可以充分发挥想象力，将垂直线构图应用到各种题材摄影中。

使用垂直线构图拍摄人物，人物的身材显得更加苗条、高大。

35mm F2.8 1/500s ISO100

斜线构图、对角线构图

斜线构图能使画面产生动感，并沿着斜线的两端产生视觉延伸，加强了画面的纵深感。使用这样的构图总是能够让观者从新的视角观察主体，使原本普通的东西变得活力四射。

一般在拍摄飞翔的鸟儿时，使用斜线构图可以增加画面的动感；而在拍摄人像时，斜线构图又可以表现人物俏皮、活泼的性格。摄影爱好者在使用这种构图时可以举一反三，活学活用。

运用斜线构图拍摄人物，画面给人一种不稳定的感觉，但人物却显得十分俏皮、活泼。

对角线构图方式是斜线构图所延伸出的特例，线条走向置于画面对角线的位置上，会产生一种极其不稳定的感觉。在画幅相同的情况下，采用对角线构图能够容纳更多的主体内容。

运用对角线构图俯视拍摄水景，画面给人一种不稳定的感觉，但行驶的船只却让画面充满一定的动感。

105mm F8 1/500s ISO320

曲线构图

曲线构图具有延长和变化的特点，看上去很有韵律，容易使人产生优美、雅致和协调的感觉。在人像摄影中，常采用曲线构图表现女性优美的身体曲线；在风光摄影中，曲线构图一般用于表现河流、溪水、曲折的小路等；一些特殊的建筑也适合用曲线构图来展现。

透过S形的水流，画面看上去更有动感，同时空间感也得到了延伸。

17mm F22 1s ISO1200

放射线构图

在大自然中可以找到许多表现为放射状的景象，如开屏的孔雀、芭蕉叶子的纹理、盛开的花朵等，在拍摄这些对象时，最佳构图方式莫过于利用其自身线条塑造放射线构图。

根据视觉倾向，放射线能够表现出两类不同的效果：一类是向心式的，即主体在中心位置，四周的景物或元素向中心汇聚；另一类是离心式的，即四周的景物或元素背离中心扩散开来。

向心式放射线构图能够将观众的视线引向中心，但同时产生向中心挤压的感觉。

离心式放射线构图具有开放式构图的功效，能够使观众对画面外部产生兴趣，同时使画面具有舒展、分裂、扩散的感觉。

运用放射线构图拍摄孔雀开屏的瞬间，画面看上去十分舒展、漂亮。

150mm F6.3 1/160s ISO200

对称式构图

对称式构图通常是指画面中心轴两侧有相同或者视觉等量的被摄物，使画面在视觉上保持相对均衡，从而产生一种庄重、稳定的协调感、秩序感和平稳感。适合使用这种构图形式的题材很多，例如对称的建筑、植物等。

风光摄影中如果拍摄的是水景，将水面倒影纳入到画面中，以其与水面的交界线作为画面的中轴线进行对称取景，以得到平衡感较强的对称式构图，可以说是对称构图的典型应用。

对称式构图拍摄山体与水里的影子，这种相映成趣的感觉，显示出作品安静平和的氛围。
14mm F16 0.6s ISO200

对称式构图拍摄，山体、灯火与水里的影子相映成趣，画面看起来十分静谧、沉稳。
24mm F10 1/30s ISO100

框式构图

为了给一个影像增加深度和视觉趣味，可以用框架物如拱门、栅栏、窗框等作为画面的前景，为画面增加纵深感。这种前景不仅能够将观者的视线引向框内被拍摄的主体，而且给了观者强烈的现场感，使其感觉自己正置身其中，并通过框架观看场景。

另外，如果所选框架本身具有形式美感，也能够为画面增加美感。在拍摄时无论是将其处理为剪影效果，还是以有细节的实体出现，均能在增强画面美感的同时，加强画面的立体感和深度。如果被处理为剪影的框，还能够带给观者一种神秘感。

透过树木的生长结构，画面以框架式结构出现，让洒在水面上的光芒更受观者瞩目。

50mm F18 1/125s ISO100

三角形构图

三角形形态能够带给人向上的突破感与稳定感，将其应用到构图中，会给画面带来稳定、安全、简洁、大气之感。在实际拍摄中会遇到多种三角形形式，例如正三角形、倒三角形等。

正三角形相对于倒三角形来说更加稳定，带给人一种向上的力度感，在着重表现高大的三角形对象时，更能体现出其磅礴的气势，是拍摄山峰常用的构图手法。

这张作品采用三角形构图拍摄，显现出山脉稳定、雄厚的感觉。

📷 111mm F14 13s ISO100

倒三角形在构图应用中相对较为新颖，相比正三角形构图而言，倒三角形构图给人的感觉是稳定感不足，但更能体现出一种不稳定的张力，以及一种视觉和心理的压迫感。

采用倒三角形构图拍摄树木，画面显现出一种紧张的压迫感。

📷 33mm F10 1/400s ISO200

L形构图

L形构图即通过摄影手法，使画面中主体景物的轮廓线条、影调明暗变化形成有形或无形的 L 形的构图手法。L形构图实质上属于边框式构图，即使原有的画面空间凝缩在摄影师安排的L形状构成的空白处，就是照片的趣味中心，这也使得观者在观看画面时，目光最容易注意这些地方。但值得注意的是，如果缺少了这个趣味中心，整幅照片就会显得呆板、枯燥。

拍摄风光时运用这种 L 形构图，建议前景处安排影调较重的树木、建筑物等景物，然后在L 形划分后的空白空间中，安排固有的景物如太阳，或正在运动的物体如移动的云朵、飞鸟等，成为趣味中心。

 运用L形构图拍摄城市容貌，这种大的转折感让画面充满了力量，而前景处的落叶也颇有看点。

📷 18mm F11 1/200s ISO200

C形构图

C 形构图即将主体安排在C 形的缺口处，使人的视觉很容易聚焦到主体对象。C 形构图不但具有曲线美，而且还能产生变异的视觉焦点，使画面非常简洁。且随着题材和画面内容的改变，可以在方向上任意调整。

摄影师采用C形构图拍摄海景，画面看上去颇有流动的感觉，而在C形线远处的云霞则成了画面的亮点。

📷 10mm F14 59s ISO200

散点式构图

散点式（棋盘）构图就是以分散的点状形象构成画面。

散点式构图就像一些珍珠散落在银盘里，整个画面上景物很多，但是以疏密相间、杂而不乱的状态排列着，既存在不同的形态，又统一在照片的背景中。

散点式构图是拍摄群体性动物或植物时常用的构图手法，可以选择仰视和俯视两种拍摄视角。俯视拍摄一般表现花丛中的花朵，仰视拍摄一般是表现鸟群，拍摄时建议缩小光圈，这样所有的景物都能得到表现，不会出现半实半虚的情况。需要注意的是，这种分散的构图方式，极有可能因主体不明确，造成视觉分散而使画面表现力下降，因此在拍摄时要注意经营画面中"点"的各种组合关系，画面中的景物一定要多而不乱，才能寻找到景物的秩序感并如实记录。

花朵以散点形式出现在画面中，看上去更有节奏的跳跃感，且充满生机。

34mm F5.6 1/1000s ISO200

透视牵引线构图

透视牵引线构图能将观者的视线及注意力有效牵引、聚集在整个画面中的某个点或线上，形成一个视觉中心。它不仅对视线具有引导作用，而且还能大大加强画面的视觉延伸性，增加画面的空间感。

画面中相交的透视线条所呈角度越大，画面的视觉空间效果则越显著。因此在拍摄时，摄影师所选择的镜头、拍摄角度等都会对画面透视效果产生相应的影响，例如，镜头视角越广越可以将前景尽可能多地纳入画面，从而加大画面最近处与最远处的差异对比，获得更大的画面空间深度。

以透视牵引线构图拍摄，呈线条状的花地使画面的视觉延伸感得到了大大的提升。

26mm F10 1/125s ISO200

12.14 利用对比进行构图

利用对比进行构图是一种常用手法，它可以将注意力吸引到主体上，并使其成为画面中压倒性的绝对中心。任何一种差异都可以形成对比，如大小、形状、方向、质感以及内容。

无论是哪一种艺术创作，对比几乎都是最重要的艺术创作手法之一，虚实、明暗、颜色、大小、前后等，都可以成为对比的方式。

体积的对比

在摄影中可以通过让某个物体更靠近镜头，而使其他物体远离镜头的技法，将一个物体表现得比其他所有物体更大一些，从而在大小方面形成对比。

也可以直接利用构图元素之间固有的体积大小进行对比，以突出主体。

摄影师运用对比手法进行拍摄，通过树木与人物的大小体积对比，枝繁叶茂的树木显得更加突出。

19mm F8 1/50s ISO200

动静的对比

利用画面构成元素之间的动静关系，也可以很容易地形成对比。

运用动静对比手法进行拍摄，摩天
轮在静谧的夜空下，其旋转感显得
更加突出。

38mm F32 4s ISO100

颜色的对比

利用颜色之间的对比是形成对比最容易的方式，如黑与白、红与绿等。在构图中通过将形成对比的颜色景物安排在最恰当的位置，可以形成画面的视觉重点。

拍摄红色花朵时以绿叶作为陪衬，花朵显得更
加耀眼、夺目。

100mm F4 1/100s ISO100

冷暖的对比

冷色调与暖色调在同一幅画面中出现，形成冷暖对比，可以增强画面的视觉冲击力，使画面更加引人注意。

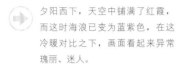
夕阳西下，天空中铺满了红霞，而这时海浪已变为蓝紫色，在这冷暖对比之下，画面看起来异常瑰丽、迷人。

📷 105mm F7.1 1/80s ISO400

质感的对比

光滑的质感能够与粗糙的质感形成对比，坚硬的质感能够与柔软的质感形成对比，质感之间的对比在画面中形成趣味中心点，很容易吸引观者的注意力。

低速快门拍摄使海面呈迷雾状，其柔软、细腻的质感与粗糙的石块形成强烈对比。

📷 17mm F16 5s ISO100

12.15 画面元素间的呼应

呼应是指在摄影作品中画面构成元素之间必须要具备的联系，这种联系可能是由位置、颜色、光影等方式形成的。

前景与背景呼应

在一幅画面中，前景应该与背景相互呼应，这样才能使整个画面形成统一的整体，给人一种完整、均衡的感觉。

以白色迷雾为画面前景的同时，还以迷雾为背景进行拍摄，画面前后呼应，看上去十分协调。

85mm F7.1 1/2000s ISO200

位置呼应

画面中的元素在位置关系上形成一定的呼应，让画面各个元素之间协调、均衡，使画面显得稳定。

水珠大小不一地处在一个水平线上，在位置上形成了呼应，使画面看起来十分均衡。

100mm F4.5 1/125s ISO100

颜色呼应

利用画面中各构成元素之间颜色的协调与呼应，可以使画面获得和谐、平稳的感觉，让观者从视觉上更容易接受画面的内容。

 以广角镜头拍摄，黄绿色的树木在画面中到处点缀着，在前后、左右的方向上形成呼应，从而使画面获得一种和谐的感觉。

📷 18mm F11 1/250s ISO200

12.16 让画面有节奏感

节奏与韵律原本是音乐中的词汇，但实际上在各个成功的艺术作品中，都能够找到节奏与韵律的痕迹，因为节奏与韵律给人的审美感受，不会受到载体的限制而变化，摄影创作也是如此。

在摄影创作中，摄影师可以通过一定的技术手段来安排空间的虚实交替，以及元素之间疏密的变化，或不同元素之间长短、曲直、刚柔的穿插变化，使作品具有一定节奏与韵律感。

重复形成的节奏

最简单的形成节奏的手法是以相同的间隔重复出现某一对象，这种重复可以形成直线、曲线、弧线或是斜线。

以海滩为拍摄对象，其重复的线条形成了一种节奏感，使画面看上去有 种韵律美。

📷 32mm F14 1/10s ISO100

位置变化形成的节奏

画面中的构成元素按照所在的位置差异，也可以形成节奏，这种节奏感比单纯重复所获得的节奏感更具多样性与欣赏性。

 红色的花朵高低起伏，这种位置变化形成的节奏感，使画面颇有欣赏性。

19mm F5.6 1/160s ISO100

大小渐变形成的节奏

当画面中的景物大小形成类似影视作品中淡入与淡出一样的递增或递减变化时，也可以产生节奏感，从而更加吸引观众的注意力。

这种利用构图元素之间大小的变化来形成带有渐变韵味的节奏，还具有一定的韵律感。

水鸭在湖面上缓缓游荡，其近大远小的透视效果使画面形成一种韵律美，看起来十分漂亮。

200mm F4.5 1/100s ISO100

造型变化形成的节奏

当画面中物体的造型很相似时，会使画面显得乏味、单调，因此，在构图时，不能将全部注意力都集中在那些相似的景物上，而应注意从相似中寻找不同与差异，从而塑造画面的节奏感。

摄影师把蜘蛛网上的水珠作为拍摄对象，其大小不一的造型使画面表现出一种节奏感，颇为美观。

📷 60mm F4.2 1/250s ISO200

辐射线形成的节奏

在画面中使用辐射线条，可以形成节奏，为画面带来强烈的视觉感受，这种形式也是一种为画面添彩的方法。

广角镜头拍摄，建筑线条形成了一种辐射线条，在视觉上给人带来一种独特的感受。

📷 8mm F8 1/4s ISO100

12.17 营造视觉均衡的画面

均衡即是平衡，区别于对称的特点是，均衡并非是左右两边同样大小、形状和数量的相同景物的排列，而是利用近重远轻、近大远小、深重浅轻等符合一般视觉习惯的透视规律，让异性、异量的景物在视觉上相互呼应。当然，对称也是均衡的一种表现形式。

对称均衡

对称是美学中最经常使用的表现方法之一，往往能塑造很强的形式感，传达严肃、平衡的感觉。不过作为一种古老的美学理念，有时绝对的对称可能会让画面感觉乏味，在对称环境中加入适当的变化，可以改变呆板的构图，为画面增加活力。

 以对称式构图拍摄，山体、树木、天空与水里的倒影交相呼应，为了避免画面的绝对对称带来的呆板感，摄影师特在前景处加入了一些绿草。

非对称均衡

非对称均衡着力于避免倾斜，给画面以平衡、稳定的感觉。实现非对称式的均衡，最重要的是找好均衡点。只要景物的位置合适，小的物体可以和大的物体均衡，远处的景物可以和近处的景物均衡，非生物体可以和生物体均衡。

 摄影师将河流两旁面积不等的树木纳入镜头，画面形成了一种非对称均衡的效果，看起来较为稳定。

12.18 利用留白让画面更有意境

　　留白其实是一个很容易理解的概念，白就是指空白，留白显然就是在构图时，给画面留出一定的空白。形象地说，画面中的空白和文章中的标点符号起着相似的作用，但在摄影中留白并不一定就是实际意义上的空白，它可以是大片同色调或者同类型的景物，例如天空、大海、山峰、草原、土地……

　　在拍摄时，作为主体要被安排在画面中最能吸引人注意的位置，构图时适当地留白，给观赏者以想象的空间。若留白的位置与大小都比较合适，不但可以突出主体，而且还能为画面带来生机。留白处尽可能安排在视线的前方或活动进行的方向，根据画面的需要来确定其位置与大小，以使主体得到凸显和表达。

在拍摄人像的时候，将人物眼睛前方预留一定的空间，画面给人一种想象的余地。
85mm F1.4 1/500s ISO100

合理的空白可以突出主体

　　主体周围留有一定的空白，可以使主体更加醒目。例如，在拍摄人像时，如果人物处在杂乱的物体中，主体地位就会被影响；如果人物处于单一色调的背景中，就会在人物的周围形成一定的空白，对于人物的表现就会增强。

　　俯视拍摄，将人物安排在一片浅色的环境之中，人物被表现得十分突出，整个画面看起来也非常清新、淡雅。
　　85mm　F1.8　1/2000s　ISO125

画面上的空白有助于营造画面的意境

在一幅画面中，如果被景物填满没有空隙，会让人感到压抑。反之，画面中留有一定的空白，观者的视线会更加开阔，压抑感也就随之消失。很多摄影师及观众都喜欢这种空白的存在，它会让人的思绪展开无限的想象，去感受画面中所要表达的意境。

拍摄雾景时，在画面中留上一定的空白，画面表现出一种十分飘渺、灵韵的感觉。

70mm F32 10s ISO200

空白的留取与运动的关系

画面中若存在运动的物体，例如正在行走的人、飞驰而过的车辆等，一般的规律都是在运动方向的前方留有空白，表现运动物体继续伸展的空间，比较符合人们的欣赏习惯。

不过，现在也有很多摄影师并不遵循这一规律，空白的留取也会安排在主体运动的反方向，在主体运动的前方反而不会留有太多的空白，甚至不留空白，这样的照片会给人一种反常规的心理。

拍摄赛车手在路上赛车的情景，将人物前方留下一定的空白，画面看起来十分自然，运动的动感也格外强。

370mm F10 1/60s ISO100

12.19 构图的终极技巧——法无定式

📷 105mm F9 1/500s ISO200

　　虽然本章讲解了许多构图时的理论知识与规则，但如果要拍摄出令人耳目一新的作品，必须记住"法无定法"这四个字，必须明白拍摄平静的湖泊不一定非要使用水平线构图法，拍摄高楼不一定非要仰拍，只有将这些死的规则都抛到脑后，才能用一种全新的方式来构图。

　　这并不是指无须学习基础的摄影构图理论了，而是指在融会贯通所学理论后，才可以达到的境界，只有这种构图创新才不会脱离基本的美学轨道。这也才符合辩证的理论指导实践，实践又反回来促进理论发展的正循环。创新的方法多种多样，但可以一言蔽之，即"不走寻常路"。

第13章

光影

13.1 光的聚散

直射光

直射光是指太阳直接照射下的光线。这种光线既明亮又强烈，明暗反差特别明显，但是景物的反光和环境的反光也会很强。它并不只是单指顶光，还包括顺光、侧光、逆光等各种光线，但人们习惯上都把强烈的阳光称为"直射光"。

 在使用直射光线拍摄时，岩石的受光与背光面对比强烈，使画面立体感大大增强。

📷 55mm F9 1/100s ISO160

散射光

散射光是太阳不直接照射，有云彩遮挡或有雾气笼罩，使太阳的光形成散射状态。有人就把这样的光称为"散光"。它的特点是光线比较柔弱，景物的投影不明显，景物层次反差较小，拍出的照片影调比较柔和、色彩比较灰暗。

多云天、阴天、雨天、雾天的光线是典型的散射光，此时如果能够充分利用景物本身明度、色彩变化及由空气透视所造成的虚实变化，能拍出色彩柔和、变化细腻、类似于水墨画和水彩画那样朦胧而滋润的作品。

使用散射光拍摄冬日景象，得到了画面层次丰富、色彩过渡自然的效果。
📷 17mm F16 1/2s ISO50

13.2　光的方向

顺光

顺光是指从被摄景物正面照射过来的光线，顺光下的景物受光均匀，没有明显的阴影或者投影，画面通透、颜色亮丽。

在顺光的照射下，被拍摄的景物光照均匀，画面平板乏味，缺少立体感与空间感。但景物的色彩饱和度好，在照片中能够表现出鲜艳的颜色，而且大多数情况下，使用相机的自动挡能够拍摄出不错的照片，掌握起来非常容易，因此风光摄影初学者多数喜爱在顺光下拍摄。而在顺光照射下的人物受光均匀，画面柔和自然，充满了真实感。

为了弥补顺光立体感、空间感不足的缺点，拍摄时要尽可能地通过构图，使画面中的明暗配合起来，例如以深暗的主体景物配明亮的背景、前景，或反之。也可以运用不同景深对画面进行虚实处理，使主体景物在画面中很突出。

⬆ 摄影师通过顺光光线的使用，让画面颜色自然，人物皮肤得到细腻、柔嫩的感觉。

逆光

　　逆光是指当拍摄的方向与光源的方向相对时，通俗地说，就是用相机对着光源的方向拍摄，此时的光线即为逆光。逆光多用来拍摄剪影，这种效果可以使主体的轮廓更加鲜明。

　　逆光摄影在表现景物层次和立体感方面虽然不如侧光，但却能将远景表现得明亮而朦胧，从而将主体和背景分开，加强了画面深远的感觉。有时光线虽然从被拍摄对象的后方照射过来，使被摄物体大部分处于阴影之中，但却能在物体边缘处产生明亮的光晕，与阴影形成鲜明的对比，突出了被拍摄对象的外轮廓线条。

 摄影师使用逆光光线拍摄，树木得到了漂亮的剪影效果，其轮廓线条十分凸显。

📷 145mm F11
1/400s ISO80

侧光

当光线投射方向与相机拍摄方向呈90°角时，这种光线即为"侧光"。侧光照射下景物受光的一面在画面上构成明亮部分，不受光的一面形成阴影，在画面上，景物由于有明显的明暗对比，因此有了层次感和立体感，这种光线是风光摄影中运用较多的一种光线。

在侧光照射条件下，景物轮廓鲜明，纹理清晰，黑白对比明显，色彩鲜艳，立体感强，前后景物的空间感也比较强，因此用这种光源进行拍摄，最易出效果。

摄影师在侧光光线下拍摄山体，画面光影感丰富，立体感十分突出。

📷 24mm F18 1/13s ISO200

顶光

顶光就是指光源从景物的顶上垂直照射下来的光线，善于表现景物的上下层次，如风光画面中的高塔、亭台、茂密树林等会被照射出明显的明暗层次。在自然界中，亮度适宜的顶光可以为画面带来饱和的色彩、均匀的光影分布及丰富的画面细节。

由于中午的光线太过强烈，因而适合拍摄的物体相对较少。但如果是表现树木顶部形态的话，即是不错的选择。

📷 200mm F8 1/50s ISO200

13.3 认识光比

　　光比指被摄物体受光面亮度与阴影面亮度的比值，是摄影的重要参数之一。如前所述，散射光照射下被摄体的明暗反差小，光照效果均匀，因此光比就小；而直射光照射下被摄体的明暗反差较大，因此光比就大。

　　恰当地在摄影中通过技术手段运用光比，可以为照片塑造不同的个性。例如，在拍摄人像时，运用大小光比，可有效地表达被摄体"刚"与"柔"的特性。拍女性、儿童时常用小光比以展现"柔"的一面；拍男性时常用大光比以展现"刚"的一面。当然，也可以用大光比来拍摄女性，以强化人物性格或神秘感。

📷 20mm F6.3 1/800s ISO200

13.4 光的软硬

软光

软光是指光线方向不明显的光。软光实际上就是漫反射性质的散射光，在其照射之下被摄体没有明显的受光面和背光面，没有明显的阴影部分，反差柔和，影调平柔；被照射的景物亮度比较接近，所以画面上表现出的影调层次比较丰富。但是，由于软光照明缺乏明暗反差，所以对被摄体立体感、质感的表达较弱，对被摄体形态的表现主要依靠被摄体的色彩对比和自身的明暗差异来完成。

采用软光光线拍摄花朵上的蝴蝶，画面影调柔和，看起来十分自然。
📷 300mm F5.6 1/500s ISO160

硬光

硬光实际上就是强烈的直射光，在这种光线照射下，被摄体的明暗对比强烈，这对于表现被摄体的立体形态和构成感有突出效果，也适合于表现表面粗糙的物体，特别适合于塑造被摄体的"力"和"硬"气质。

从视觉角度来看，硬光的特点是被摄物体明暗过渡区域较少，对比鲜明，因此所拍摄出的作品能够完美地表现被摄物体的轮廓和结构。

另外，硬光下的阴影也具有一定的表现力，有时能够增加画面的纵深透视感，而且能与亮部结合形成有节奏感的韵律，增强画面的感染力。

采用硬光光线拍摄岩石，画面光影感强烈、充满了力量。
📷 18mm F9 1/200s ISO100

13.5 各时间自然光的特点

晨曦的光线

晨曦光就是指清晨的阳光。喷薄欲出的朝阳会给人一种奋发向上的激情和欣欣向荣的景象，对于此时的光线，在摄影时要把握以下4个特点。

- 早晨地平线的天空一般都比较清朗，太阳上升时就会很快散射出光芒，因此清晨的太阳色温略高，早上天空色调偏黄紫色就是因为如此。

- 日出时天空中由于晨雾折射阳光的原因往往会有丰富的色彩。

- 早晨的太阳因为照度较高，所以地面上的景物清晰明亮。

- 以升落时间来看，日出的持续时间短，日落的持续时间要长一些，因此拍摄日出的失败概率要比拍摄日落高得多。

摄影师利用清晨的光线拍摄山川，山川在大雾的笼罩之下被表现得若隐若现、美妙绝伦。

📷 58mm F18 1/125s ISO100

上午的光线

从太阳升起一个小时左右之后，一直到中午11点左右之前，都可以称为上午。

上午的空气较通透，光线相对较为柔和，而且光照非常充足，户外活动也较为方便，对拍摄人像、昆虫、植物等题材来说都是不错的时间段，可以很好地表现风景中的透视感。

摄影师利用上午的光线拍摄风光，画面看上去空气通透、颜色过渡自然、质感丰富。

📷 24mm F20 1/15s ISO50

中午的光线

中午12点左右的光线，在晴朗的天气中光线比较强烈。

中午前后的时间中太阳自上而下直射地面，光线特别强烈，景物的投影很小或者完全没有，这时的空气湿度小，景物前后虚实感不明显，在色彩冷暖度和亮度上的对比小，因而拍出的照片中景物缺少立体感与空间感，画面显得平淡、深度不够。中午的阳光可以很好地表现出物体上下的立体感。

⬆ 使用中午的光线来拍摄古代建筑，建筑物下方形成了强烈的阴影，其上下立体感被很好地表现出来。
📷 50mm F8 1/60s ISO100

下午的光线

从正午结束后一直到太阳落山之前的一段时间，都可以称之为下午，此时的光质较为柔和且光照充足，只是在色温上相对要偏暖一些，而且越是靠近晚上的时候，色温就越暖。

下午时分的光线和正午差不多，大多是透明的，如果空气中有灰尘或湿气，光线可能会显得稍微温暖一点，并不适合拍摄。到了2~3点，光线会明显倾向略带红色，这种现象会越来越明显，等到接近黄昏时，影子会拉长，而低角度的太阳会使物体的形体清楚地呈现出来，这个时候正是拍摄需要表现质感的物体的最佳时机。

⬆ 以下午的光线拍摄雪山，暖暖的阳光照射在山体上，山体的立体感被很好地表现出来。
📷 18mm F9 1/320s ISO200

黄昏的光线

　　太阳落山时的光线，通常称为"暮光"。这个时段的光与晨光一样，也是一种低角度照射的光，是绝大多数摄影师最喜爱的风光摄影光线。这是由于从日出后的一个小时开始，到日落前的一个多小时之间，太阳光线的色温较高并呈白亮色，中午左右的光线尤其如此，此时被照射的景物很少能出现生动的明暗对比与虚实变化，因此许多摄影师更偏爱在早晚拍摄。

在黄昏的光线下进行拍摄，画面表现为温暖的黄色调，在水面上的船只也形成了不错的半剪影效果。

夜间的光线

　　夜间是指日落一个小时之后至第二天黎明之间。夜间的光线很少，几乎没有，在夜幕的衬托下，可以将城市霓虹闪烁表现得很好，由于光线较暗，拍摄时需要长时间的曝光，为避免杂光进入镜头，应尽可能地缩小光圈，这样还可以增加画面的景深范围。拍摄时注意使用三脚架固定相机。

在夜晚的光线下，摄影师通过控制恰当的曝光时间，仰拍出了桥梁的壮观景象。

📷 50mm F22 15s ISO400

13.6 现场光的特点与运用

现场光是指场景中现有存在的光，而不是指户外的日光。它的种类很多，例如，各种T台、演唱会现场等舞台环境下的灯光，就是最典型的现场光。另外，家用照明灯光、篝火光、烛光、透过窗户射入室内的日光、夜晚的霓虹灯光等也都属于现场光。

对现场进行正确的曝光

现场光通常比较复杂，光线比较弱，但较一般光线更能使画面具有真实感和情调，用得恰当会起到画龙点睛的作用。不过，拍摄难度也会相应增加，最大的难点就是对曝光的控制。

演员精彩的表演瞬间被定格下来，得益于摄影师对舞台表演的细心体会及曝光控制的轻松驾驭。

当将测光点对准强光测光时，读数显示的是强光部分的正确曝光值；当将测光点对准暗部测光时，读数显示的是弱光部分的正确曝光值。此时，可以使用几种不同的曝光值多拍几张，这样就能保证至少有一张照片能较真实显示现场的氛围。

在利用现场光摄影时，如果曝光时间长于安全快门速度，就需要使用三脚架或就近找一个合适的依托物，使相机保持稳定，避免出现模糊晃动的影像。

为了确保在现场光线下拍摄的照片对焦清晰，摄影师特使用了三脚架。

现场光的优势

传达出真实感

使用现场光拍摄的照片能够传达真实的气氛。在许多利用现场光拍摄的场合，能够使用的照明光线都很有限，不会像摄影室使用精心布置的人工照明光线那样，因此拍摄的照片会给观众带来一种亲临现场的真实感。

无论用现场光拍摄出来的画面是幽暗还是明亮，是忧郁还是明快，都能准确地表达出场景中被摄主体的真实情感，让人们能够非常直接地感受到人物的存在。

摄影师通过小光圈拍摄得到的这张大景深画面，给人带来一种亲临现场的真实感。

📷 70mm F5.6 1/160s ISO800

可以自如使用

使用现场光拍摄，摄影师不用携带那些笨重的灯具、灯架和电池组等，也不用等电子闪光灯重新充电。

在拍摄时，可以自由移动，以方便从不同角度和不同位置寻找最佳的拍摄时机。

摄影师通过选择恰当的拍摄位置和拍摄视角，拍出这张现场表演活力十足的照片。

📷 300mm F2.8 1/800s ISO1600

被摄人物自然轻松

在闪光灯的照射下，专业模特也许会表现得自然、从容，但大多数普通被摄人物在这类光线的照射下会显得不自然和紧张。而使用现场光就会好很多，被摄对象会显得自然、放松，甚至忘记了相机的存在。这时，摄影师就可以寻找更好的拍摄位置，将人物最放松、自然的一面表现出来。

在现场光线下拍摄台球室内的女孩，女孩的表情被表现得十分自然。

50mm F3.5 1/40s ISO200

现场光的弊端

使用现场光拍摄时，往往由于光线比较弱导致画面照明强度低或者画面明暗反差过大。

靠近门窗借用外射进来的自然光线进行拍摄，使被摄主体获得充足曝光的同时，有利于烘托画面意蕴、强化、突出画面主体。

光线反差越大，对物体线条、色彩和形体表现的影响就越大，故拍摄时可选择较具动感的被摄主体，同时寻找合适的角度，就能克服这类问题拍摄出成功的作品。

在拍摄舞台照时，摄影师通过选择合适的角度克服了现场条件，使画面光照效果表现得十分出色。

70mm F2.8 1/250s ISO2500

13.7 表现生活中的各类眩光美景

轮廓光表现手法

轮廓光是逆光的一种，自被摄体的后方或侧后方照射，能够把物体和背景分离，因此又称为"隔离光"、"勾边光"。

它与自然光照明中的逆光相似，但可以根据实际拍摄需要来调整，通过轮廓光展现被摄体的三维效果。

在人工光线照明中，无论是大场面还是具体的小场面，无论是活动画面还是静止画面，使用轮廓光时都能突破平面的限制，增强视觉上的空间感与立体感。

相对于其他光线而言，轮廓光具有很强的造型效果，能够有效地突出被摄体的形态，在被摄体的影调或色调与背景极为接近时，轮廓光能够清晰地勾画出被摄体引人注目的轮廓。

 在深色的背景里，以逆光光线拍摄，人物的身体上形成了明亮的轮廓光，画面极富形式美感。

轮廓光还具有很强的"装饰"作用。这主要是指它能在被摄体四周形成一条亮边，把被摄体"镶嵌"到一个光环中，给观者美的感受。

以逆光光线拍摄，暖色的夕阳光照在人物的头发上，头发边缘出现了一圈漂亮的亮光，画面显得十分迷人。

星形灯光表现手法

为了控制光通量，镜头内部的光圈是由多个金属薄片构成的。也正是由于这种构成方式，所以光圈的形状通常是多边形而不是理想的圆形。

当光圈被缩小时，光线在通过光圈时会因光圈的形状而产生绕射现象，这种光线的绕射反应在感光器上就形成了所谓的星光效果。而且，因为不同镜头的光圈结构也不相同，镜头中金属叶片的多少决定了星芒的多寡。

要在画面中获得星芒效果，通常应该使用小光圈，并进行长时间曝光，在这种拍摄条件下比较容易得到星芒的效果。

前面我们了解了利用镜头形成星光效果的原理，现在再来看看拍出星光效果的其他方法。事实上，还可以通过为镜头添加专门的星光镜来得到星光效果，它所产生的效果要比通过使用小光圈得到的效果丰富许多。

小光圈加长时间曝光来拍摄夜景，道路两旁的路灯灯光表现为星芒效果，在蓝色夜幕的映衬之下画面显得十分漂亮。
200mm F32 8s ISO100

反射光表现手法

反光摄影又称为反射摄影，是利用水面、镜子或光滑的金属表面等的反射特性来重新构图、美化画面、表现主题、增强作品的表现力。反光摄影中的反光体是多种多样的，特殊的反光体反射出来的物体影像，往往会具有夸张变形的效果，由此拍出的照片也会令人忍俊不禁。

反光摄影可以平衡画面、填补画面空白。合理运用反光摄影手段，把景物倒影拍入画面，不仅可填补空白，而且可以起到平衡画面的作用。

对于一些特殊的场景，如果按一般的拍摄方法拍摄，会显得较为单调，但如果把景物在反光体中反射出来的影像也拍入画面，照片的表现力将会大大增强。

在某种意义上来说，反光摄影扩大了拍摄的题材范围，面对各种反光体反射出来的各式各样的影像，既有情趣，又具表现力。我们可以从下面这张照片中看到，反光摄影的表现形式多种多样，可以使单一的画面变得趣味横生。

⬆ 摄影师利用镜面的反射特性，将人物脸庞的局部表现在车镜里，作品立意新颖、十分耐看。

📷 85mm F2.2 1/400s ISO200

◀ 将山体、树木及水面上的倒影一并拍摄下来，在迷雾的笼罩之下，画面看起来既美观又不失意境。

📷 19mm F16 3.2s ISO100

抽象光影表现手法

抽象表现主义是现代艺术的一个主要流派，起源于上世纪初。在摄影界，马克·斯特莱德、爱德华·韦斯顿等西方摄影家进行了大量的实践和探索。

抽象表现方式并不依赖客观再现物体的原貌，也并不以叙事为主要目的。抽象表现主义弱化了具体的形象，不再关注物体具体的形态，使客观再现物体成为第二性，正如阿德·莱恩哈特所说："让艺术更加纯粹和虚空，更加绝对和唯一"。

抽象摄影作品同样不像写实摄影作品那样，具体地告诉你这是什么，表达了什么情节，主题是什么。在这种视觉元素所构成的抽象"语言"中，我们能够体会到的是某种感受而不是要在画面中看出像什么。

摄影师拍摄水面上的倒影，现已看不清事物本来的面貌，只能在这里领略其抽象之美。

150mm F14 1/160s ISO400

光线形态表现手法

大自然中的光线形态是千变万化、复杂微妙的。摄影师在摄影中要有光的造型意识，在实践活动中注意捕捉日冕、极光、光晕、彩虹等特别的光线形态，并将其定格在照片中。对于这样的场景，在拍摄时要注意将测光位置定在最亮处的旁侧一点，并使用包围曝光的方法多拍摄几张。

摄影师以敏锐的目光抓拍到了树顶上的光晕，画面呈现出极其特殊的艺术效果。

18mm F6.3 1/4000s ISO200

13.8 影子的妙用

投影增强画面空间感

在拍摄风景照片时，通常都尽量避免将影子纳入画面，以免影响画面主体的表现。但有时也可利用影子营造不一样的画面效果。例如，采用逆光拍摄树木时，通常利用影子与树木形成明显的透视效果来加强画面的空间感。

摄影师拍摄树木时将其水面上的影子也拍摄下来，画面的空间感得到了增强。
📷 12mm F11 1/30s ISO100

剪影营造有意境的画面

有时将景物处理成剪影的形式，不仅可以简化画面，还可以给观者留出很大的想象空间。例如，在拍摄夕阳时，可利用亮部测光法将天空云彩的层次表现得更丰富。

➡ 在逆光光线下，摄影师拍摄一对跳跃在空中的情侣，两个人物都表现为剪影状，画面看起来十分有意境。
📷 24mm F10 1/250s ISO200

倒影丰富画面元素

如果仅仅是拍摄一些景物，画面会显得比较单调。为了丰富画面的元素，常常将前景或背景纳入画面。若是周围没有这样的环境，还可以将倒影纳入画面中，这样可以使画面看起来不会很单调，还可以丰富画面的元素。常用倒影表现水面的平静。

在拍摄山脉时，为了使画面显得不是太单调，摄影师特意将水中的倒影也拍摄了下来。

利用阴影进行构图的技巧

光是明亮的，影是黑暗的。对于摄影师而言光与影同等重要，有光无影的画面显得轻浮，有影无光的画面显得淤积、闭塞，在摄影中如果能够艺术地运用光与影就能使画面具有更强的表现力。"影"在画面中可能存在阴影、剪影、投影三种形态。

用阴影平衡画面

通过构图使画面中出现大小不等、位置不同的阴影，可以使画面的明亮区域与阴暗的区域平衡，从而使画面能够更加突出地表现视觉焦点。

在拍摄水景时，摄影师通过大小不一的礁石的阴影使画面获得了一种平衡感。

📷 10mm F7.1 25s ISO100

用阴影为画面做减法

画面中杂乱的元素往往会分散观者的注意力，拍摄时通过控制画面中的光影和明暗，可以达到去除多余视觉元素的目的。拍摄时首先要了解拍摄场景中，在当前拍摄光线与角度下什么位置会出现怎样的阴影，并考虑好画面构成元素中哪些元素可以隐藏在阴影中，然后通过使用点测光对准画面中明亮的部分测光，从而夸大画面中的阴影效果，起到突出主体掩盖多余元素的目的。

摄影师利用阴影隐藏了一些不必要的表现元素，从而使画面变得更加简洁且充满力度。
10mm F7.1 1/200s ISO200

用阴影增加画面透视感

阴影有加强画面透视感的作用，当阴影从画面的深处延伸至画面前景时，这种有近大远小的透视规律的阴影会使画面的空间感和透视感更强烈。

树木的倒影平躺在花丛之上，摄影师将它拍摄下来，其近大远小的透视效果使画面的空间纵深感得到提升。
50mm F11 1/2s ISO50

第14章

色彩

14.1 光的颜色和色温

光源色

　　光源的色彩被称为"光源色"，它往往反映在被摄体受光的亮面，影响着亮面色彩的变化。被摄体亮面的色彩是亮面的固有色加上光源色的综合结果，其亮面的高光往往呈现了光源本身的颜色。

　　在自然光照明中，不同时间的光线往往有着不同的色彩，天还未亮明时的光线往往呈蓝青色；早晨和黄昏时的光线呈橙红色；上午、下午和中午前后的一段时间内，光线则呈白色。另外，各种不同的人工照明灯具也都具有不同的色温，了解和正确使用可以保证画面的色彩得到准确还原。

色温

　　按照Max Planck的理论，色温是这样定义出来的：对一个具备完全吸收与放射能力的黑体（例如金属铁）进行加热，随着温度的升高，黑体的色彩将发生"红－橙红－黄－淡黄－白－青"的一系列变化。当光源与黑体加热到某个程度时表现出来的色温一致时，即将其定义为该色温。例如，夕阳时分的色温，与黑体加热到2100K时相同，因而其此时的色温即为2100K。

　　一些常用光源的色温如下：标准烛光的色温为1930K；钨丝灯的色温为2760~2900K；荧光灯的色温为3000K；闪光灯的色温为3800K；中午阳光的色温为5400K；电子闪光灯的色温为6000K；蓝天的色温为12000~18000K。

　　色温越低，则光源中的红色成分越多，通常被称为"暖光"；色温越高，则光源中的监色成分越多，通常被称为"冷光"。这与我们平时感受到的温度的冷暖刚好相反，在学习和使用时要注意区分。

　　了解色温的意义在于，我们可以通过在相机中自定义设置色温K值，以获得色调不同的照片。通常，当自定义设置的色温K值和光源色温一致时，则能获得准确的色彩还原效果；若设置的色温K值高于拍摄时现场光源的色温，则照片的颜色会向暖色偏移；反之，若设置的色温K值低于拍摄时现场光源的色温，则照片的颜色会向冷色偏移。

⬆ 在环境光线的影响下，摄影师拍摄的这幅雪景作品呈现出漂亮的高色温效果。

暖色调

如果想要表现被摄体的暖调效果，在拍摄过程中，可以采取以下方法。

- 选择或调整被摄体的色彩，多使用红、橙、黄一类的颜色，使被摄体具有暖色特征。
- 在照相机镜头上加用橙色系列降色温滤光镜，可使画面偏暖。

由于光线、环境及模特服装的作用，这张作品呈现出明显的暖色调效果。

50mm F2.8 1/200s ISO320

冷色调

如果想要表现被摄体的冷调效果，在拍摄过程中，可以采取以下方法。

- 选择或调整被摄体的色彩，多使用蓝、青一类的颜色，使被摄体具有冷调特征。
- 在黎明未出太阳时、日落以后或月夜的时刻拍摄户外风景，可以得到蓝青色的冷调效果。选择黎明未出太阳时的光线拍摄，画面显得宁静、深邃、辽阔。
- 在正常拍摄条件下，在照相机镜头上加用蓝色的滤镜。

在大片蓝色的环境之中拍摄身着泳装的女孩，画面很自然地获得了冷色调效果。

100mm F2.8 1/800s ISO200

14.2 对色彩三要素的认识

色相

顾名思义，色相就是色彩的相貌。我们通过每个人的长相来识别对方，同理，我们也是用色相来认识和区别色彩的。就人眼所能看到的范围而言，色相基本上包括红、橙、黄、绿、青、蓝、紫7种标准色。这些颜色相互混合后还能产生其他的颜色，如橙黄、蓝绿等，它们被称为中间色。

这张海景作品以黄、蓝颜色为主，在色相上较容易区分。

明度

色彩的明暗和深浅程度称之为明度。在7种标准色中，黄色的明度最高，紫色的明度最低。这是色彩本身的相貌所决定的，但是同时，受光的不同也能影响明度，受光越强，明度越高，受光越少，明度越低。一张出众的彩色照片只有颜色是不够的，色彩的明暗变化可以使画面的表现力更加真实。

同一作品由于光线的影响，在明度上也会有很大差异，如此作品中黄色的明度表现得较高，紫色表现得较低。

 18mm F7.1 2s ISO200

饱和度

　　饱和度就是色彩的纯度，也称色彩的鲜艳度。饱和度越高，越能体现色彩的固有特征。如果一种色彩掺杂了其他颜色，或者加了黑或白，其饱和度就会降低。曝光对饱和度也会产生影响，曝光正常时，饱和度最高，曝光过度或者不足时，就会使饱和度下降。除此之外，光照类型、天气情况以及色彩明度变化等都会影响饱和度。

在环境光的影响下，摄影师拍摄身穿鲜艳服装的模特，画面得到的饱和度极高。

135mm　F2.8
1/1000s ISO125

14.3 万色之本的三原色

　　蓝色、绿色和红色是光的三原色，其他的颜色都是由三原色以不同的比例组成的，单纯的三原色会让人感觉单调，利用其补色可以在画面中平衡三原色，并丰富照片的画面色彩。

在拍摄大面积的绿林时，摄影师将一颗红色的树木纳入到镜头中来，红绿色的互补避免了画面中颜色的单调感。

📷 18mm F14 1s ISO100

14.4 原色之辅的三补色

　　两种混合后呈白光的色光或呈消色的颜料色都互为补色。两种原色光混合后能得到二次色，是与原色互补的。色光中的红与青、黄与蓝、绿与品红，颜料色中的红与绿、黄与紫、蓝与橙等均互为补色。

　　色彩的互补现象，不仅是色彩形成、色彩混合的规律之一，同时也表现为一种色觉现象。人眼看到某一色彩后，会产生导向其补色的趋向性。使用色彩时，补色并列能彼此增强对方的表现力量，形成强烈的色彩对比效果。

以大光圈拍摄，画面背景虚化，黄色的花蕊与紫色的花瓣在视觉上形成了强烈的颜色对比。
📷 100mm F4 1/30s ISO100

14.5 色彩的冷暖

因为冷调画面通常由蓝色、部分紫色等冷色形成，给人一种安静、平和、开阔、清爽的感觉，常用来表现冬季的寒冷、开阔的视野等。

 以小光圈拍摄冬日雪景，画面表现为冷色调，在视觉上给人一种静谧、开阔、清爽的感觉。

📷 50mm F8 1/500s ISO400

暖色通常是指红色、黄色、橙色，若画面由大部分暖色形成，画面的整体颜色将偏向红色，此时画面所呈现出来的基调为暖色调。暖色调能够给人积极、热闹、热烈、奔放、温暖的感觉，常用来表现夕阳等景象。

 逆光光线拍摄落日景象，画面表现为暖色调，在视觉上给人一种热烈、温暖的感觉。

📷 300mm F8 1/500s ISO100

14.6 能够互相衬托的相邻色

相邻色是指在色轮中彼此相邻的两种颜色。相邻色的使用在摄影创作中很常见，它能够使画面达到统一协调、柔和素雅的效果，但由于在视觉上缺少对比，因此视觉冲击力往往不是很强，适合表现一些感觉上较为轻柔的对象。

 以草地、青山、树木为主要拍摄元素，画面呈现出黄绿色基调，让人看上去尤为亲切、自然。

📷 150mm F7.1 1/400s ISO100

14.7 具有强烈对比的互补色

在色相环中，互相处于对角线位置的两种颜色称为互补色。互补色的运用可以使画面产生强烈的视觉冲击，适合表现热闹激烈的画面，或者用来突出主体。

 身穿红衣的模特在绿色植物的衬托之下显得格外耀眼、夺目。

📷 40mm F2.8 1/1000s ISO50

14.8 色彩与画面的情感

不同的色彩往往能给人们带来不同的感受与联想，这就是色彩的情感特色，如人们看到红色会产生温暖、活跃之感；看到绿色会产生恬静、舒适之感等。但是，对于色彩的感情也不能看得过于绝对化。色彩带给人们的心理感应与社会因素有关，既有人类共性的一面，又有民族、地域上的差异，还会随时间的变化而变化，如白衣在中国传统中为丧服，大红才是婚礼服色彩，而欧洲却以白色为主要婚礼服色。

这张人像作品以粉红、大红色为主，在观看时给人一种温暖、活跃之感。

14.9　光线与色彩的表现

在环境光的影响下，天空与地面的绝大部分色彩偏蓝，画面给人一种十分冷酷、深沉的感觉。

📷 10mm F4 1/13s ISO400

一天之中，随着时间的推移，太阳光线的颜色也会发生变化。日出不久和夕阳西下时，太阳呈黄色或红色。这是由于大气中很厚的雾气和尘埃层将光线散射，只有较长的红黄光波才能穿透，使清晨和黄昏的光线具有独特的暖色，因此在这种光线下所拍摄的景物，其色彩比在白色光线下所拍摄的显得更"暖"一些。

当天空无云或太阳被浓云遮住时，天空大部分是蓝色光线，拍出的照片也会偏蓝，此时通过设置白平衡对其进行校正，使拍摄出的照片中的景物能够真实再现其色彩。

除不同时间段光线的颜色有所变化，光线的强弱也对景物的颜色有所影响。在强烈的直射光的照射下，景物反光较强，使其色彩看上去更淡；反之，如果光线较弱，则景物的色彩看上去更深沉。

14.10　曝光与画面的色彩

除了光线本身会影响景物的色彩，曝光量也能影响照片中的色彩，即使在相同的光照情况下。

例如，如果拍摄现场的光照强烈，画面色彩缤纷复杂，可以尝试采用过度曝光和曝光不足的方式，使画面的色彩发生变化，比如通过过度曝光可以使画面的色彩变得相对淡雅一些；而如果采用曝光不足的手法，则能够使画面的色彩变得相对凝重深沉。

这种拍摄手法，就像绘画时在颜色中添加了白色和黑色，从而改变了原色彩的饱和度、亮度，起到调和画面色彩的作用。

在拍摄湖景时，曝光量减少了一挡，画面的颜色显得更加沉稳、浓郁，看上去十分华丽、耀眼。

14.11 光线与影调

简洁素雅的高调

在拍摄高调照片时，通常大量运用明黄、白、灰、淡蓝等浅色组成画面。高调照片的画面干净，给人以明快、清透、悦目的视觉感受。

高调照片绝不是曝光过度的照片，它仍然处于合理的曝光范围内。拍摄这类照片应该运用"白加黑减"的法则，即在正常曝光的基础上向上增加一挡或半挡曝光。

另外，由于数码相机感光元件的宽容度有限，在拍摄此类场景时一定要进行精确测光（可以优先使用平均测光方式），否则照片极易出现过曝或发灰的情况。

在构图方面，可以采取在大面积高调画面中点缀小面积深色影调的手法调和画面，这实际上就是颜色协调理论中对比色的具体应用。高调照片适于表现雪景、海景、人像等摄影题材。

在增加一挡曝光补偿后，画面表现为高调效果，给人一种干净、明快的视觉感受。

在降低一挡曝光补偿后，画面表现为低调
效果，给人一种阴沉、神秘的感觉。

155mm F2.8 1/160s ISO200

神秘灰暗的低调

低调照片中阴暗、低沉的影调占到整个画面的**70%**左右，通常给人神秘的感觉。低调照片不是曝光不足的照片，虽然画面被大面积的暗部所占据，但暗部的层次仍然存在，而不是"一片漆黑"。根据"白加黑减"的规律，在拍摄时应该在正常曝光值的基础上降低一挡曝光。

在拍摄低调照片时，注意这样的照片要存在亮的色调，以使整个画面有生气，通常低调照片中大面积的暗调正是为了映衬这些亮调而存在的。

层次丰富的中间调

中间调的画面是指明暗反差正常、影调层次丰富，画面中包含由白到黑、由明到暗的各种层次影调。不同于高调和低调画面，中间影调的画面有利于表现色彩、质感、立体感以及空间感，在日常摄影中的运用比例最大、最普遍，效果也最真实、自然。

中间影调的画面往往随着被摄体形象、光线、动势、色彩的构成不同而呈现出不同的情感。另外，拍摄中间影调的画面一定要曝光准确，在画面中尽量包含较多的影调层次。

第15章
大美风光摄影实战技巧

15.1 山景摄影

俯视的角度表现壮阔

如果要拍摄出连绵不绝的山脉，摄影师所站的位置非常关键，正所谓"登高望远"，只有身处山峰较高的位置，才可能使用广角镜头俯拍山峦，在画面中取得连绵、蜿蜒、宏大的感觉。

由于海拔较高的山上往往风大、温度低，因此拍摄时应该使用坚固的三脚架，以保证相机的稳定性，同时要注意为相机保温，在温度较低的环境下拍摄时，电池的耗电量很高。

爬到山的最顶峰，使用广角镜头和三脚架结合拍摄，高低起伏的山脉层层叠叠，使画面显得层次感丰富且场面宽阔。

利用三角形构图突出山体的稳定

三角形是一种非常固定的形状，同时能够给人向上突破的感觉，结合山体造型结构采用三角形构图拍摄大山，在带给画面十足稳定感之余，还会使观者感受到一种强的力度感，在着重表现山体稳定感的同时，更能体现出山体壮美、磅礴的气势。

 以三角形构图拍摄，在蓝天的背景下山脉显得十分稳定、壮美。

📷 20mm F4 1/640s ISO80

利用V形构图强调山体的险峻

如果要表现山势的险峻，最佳构图莫过于V形构图。这种构图中的V形线条，由于能够在视觉上产生高低视差，因此当欣赏者的视线按V形视觉流程，在V形的底部即山谷与V形的顶部即山峰之间移动时，能够在心理上对险峻的山势产生认同感，从而强化画面要表现的效果。

在拍摄时要特别注意选取能够产生深V的山谷，而且在画面中最好同时出现2～3个大小、深浅不同的V形，以使画面看上去更活跃。

⬆ 摄影师使用V形构图拍摄山脉，山脉表现出一种难以攀登的险峻感。

利用斜线构图来营造韵律感

除了少数过于陡峭的山脉外，大多数山脉都有或急或缓的棱线，在构图时应该注意山体上斜线的位置、长短。

可以用长焦镜头从山体上截取层叠的斜线，使画面看上去层层叠叠；也可以用广角镜头拍摄出更开阔的画面，使山体的线条在画面上更连续、流畅。

除了山脉固有的斜线外，由于不同光线角度，会在山上形成明暗不同的分界线，这种线条也应该作为画面元素，在构图时着重考虑，尤其是在逆光的情况下拍摄山脉。

以斜线构图拍摄山脉，山脉在大雾中层层叠叠，使画面的韵律感凸显，看起来十分漂亮。

13mm F8 1/80s ISO400

用树木作为陪体为山脉增添生机与灵秀感

许多名山以山上的奇树著名，例如，黄山四绝之一就是"怪松"，在拍摄山脉时可以选择树木作为陪体拍摄以山川为主体的画面，这样的画面显得更有生机与活力。

如果山上遍布绿色树林，应该采取广角镜头表现青山、绿树相依的景象；如果拍摄的是矗立在岩石某处的苍松、劲木，不妨以中长焦镜头，采用逆光的拍摄角度使树的轮廓与山的轮廓合二为一，使画面之中既有山脉刚劲简洁的线条，又有树木灵秀、多变的线条。

拍摄山脉时把绿色的树木作为陪体，山脉在绿色叶子的衬托下显得更加有生机感和灵秀感。

12mm F4 1/1000s ISO100

用云雾体现灵秀飘逸

山与云雾总是相伴相生，各大名山的著名景观中多有"云海"。例如，黄山、泰山、庐山，都能够拍摄到很漂亮的云海照片。云雾笼罩山体时其形体就会变得模糊不清，在隐隐约约之间，山体的部分细节被遮挡，在朦胧之中产生了一种不确定感，拍摄这样的山脉，会使画面产生一种神秘、飘渺的意境。此外，由于云雾的存在，使被遮挡的山峰与未被遮挡部分产生了虚实对比，使画面由于对比而产生了更强的视觉观赏性。

如果只是拍摄飘过山顶或半山的云彩，只需要选择合适的天气即可，高空的流云在风的作用下，会与山产生时聚时散的效果，拍摄时多采用仰视的角度。

如果以蓝天为背景，可以使用偏振镜，将蓝天拍摄得更蓝一些。

采用小光圈和仰视角度拍摄山峰及云雾，画面虚实相间，山峰显得更加灵秀，而偏振镜的使用也让蓝天看起来更加蔚蓝。

📷 24mm F5.6 1/320s ISO80

如果拍摄的是山间云海的效果，应该注意选择较高的拍摄位置，以至少平视的角度进行拍摄，光线方面应该采用逆光或侧逆光，同时注意对画面做正向曝光补偿。

 在拍摄山间云海时，摄影师特增加了一挡曝光补偿，云海被表现得更加洁净、飘逸。

用前景衬托季节之美

除了单纯地拍摄山体之外，适当地利用前景来烘托整体气氛也是不错的表现手法。在不同的季节，可以选择不同的元素作为前景。例如春天美丽多姿的鲜花，夏天绿色的树木、花草等，秋天浪漫、奔放的红叶，冬天给人宁静、纯洁的大片积雪等。而作为摄影师，就是要把握好这些元素在画面中的比例，并安排一个合适的位置，既烘托主体，又不会过于抢眼。

远方高高的山顶上仍有一些白雪没有融化，而前景处的花儿已绽放开来，画面看起来充满了春的喜悦与活力。

📷 21mm F18 0.6s ISO400

用侧光塑造山峰的立体感

当侧光照射在凹凸不平的物体表面时，会出现明显的明暗交替光影效果，这样的光影效果使物体呈现出鲜明的立体效果以及强烈的质感。

要采用这种光线拍摄山脉，应该在太阳还处在较低的位置时进行拍摄，这样即可获得漂亮的侧光，使山体由于丰富的光影效果而显得极富立体感。

在侧光光线下拍摄壮阔的山体，其光影感和立体感被表现得十分突出。

📷 175mm　F7.1　1/200s　ISO100

用逆光、侧逆光塑造山峰的形态

在逆光的条件下拍摄山脉，往往是为了在画面中体现山脉的轮廓线，画面中山体的绝大部分处在较暗的阴影区域，基本没有细节，因此轮廓线就是提升画面美感的关键。因此拍摄时要注意通过选用长焦或广角等不同焦距的镜头，捕捉山脉最漂亮的线条。拍摄时应该在天色将暗时进行，此时天空的余光，能够让天空中的云彩为画面添色。

在侧逆光的照射下，山体往往有一部分处于光照之中，因此不仅能够表现出明显的轮廓线条，能够显现山体的少部分细节，还能够在画面中形成漂亮的光线效果，因此是比逆光更容易出效果的光线。

用侧逆光光线拍摄山脉，画面的层次感及山峦的形态得到了重点表现。

📷 300mm　F5.6　1/1000s　ISO100

运用局部光线拍摄山川

局部光线是指在阴云密布的天气中，阳光透过云层的某一处缝隙，照射到大地上，形成被照射处较亮，而其他区域均处于较暗淡的阴影中的一种光线，这种光线不属于顺光、逆光等按光线的方向所区分的类型，其形成带有很大的偶然性。

在阳光普照的情况下拍摄山川，画面影调显得比较平淡，而如果在拍摄时碰到了可遇而不可求的局部光线，则应该抓住这样的时机使用局部光线使画面的影调得到改善。

阳光从天空的云层缝隙中透射出来，只照亮了地面一部分，而其他景物仍处在阴影中，此时的画面会由于云层的移动而产生明暗不定的效果，是每一位风光摄影师都要抓住的摄影良机。

 在乌云密布的天气中，摄影师抓住了透过云层照射在山脉上的一缕光线，画面影调丰富、夺人眼球。

📷 135mm F10 1/30s ISO100

拍摄日照金山与日照银山

　　拍摄日照金山与日照银山的效果实际上都是拍摄雪山，不同之处在于拍摄的时间段不同。

　　如果要拍摄日照金山的效果，应该在日出时分进行拍摄。此时，金色的阳光会将雪山顶渲染成金黄色，但由于阳光没有照射到的地方还是很暗，因此如果按相机内置的测光参数进行拍摄，由于画面的阴影部分面积较大，相机会将画面拍得比较亮，造成曝光过度，使山头金色变淡。要拍出金色的效果，就应该按白加黑减的原理，减少曝光量，即向负的方向做0.5至1级曝光补偿。

　　如果要拍摄日照银山的效果，应该在上午或下午进行拍摄，此时阳光的光线强烈，雪山在阳光的映射下非常耀眼，在画面中呈现银白色的反光。同样拍摄时，不能使用相机的自动测光功能，否则拍摄出的雪山将是灰色的。要想还原雪山的银白色要向正的方向做1至2级曝光补偿，这样拍出的照片才能还原银色雪山的本色。

在低色温光线的照射下，将白平衡设置成阴影模式，得到日照金山的画面效果。

高色温的光线照在雪山上，增加1挡曝光补偿后，得到日照银山的画面效果。

15.2 水景摄影

运用曲线构图表现水的蜿蜒

由于地理因素，很少在自然界看到笔直的河道，无论是河流还是溪流，在大多数人看来总是弯弯曲曲地向前流淌着。

因此，要拍摄河流、溪流或者是海边的小支流，S形曲线构图是最佳选择，S形曲线本身就具有蜿蜒流动的视觉感，能够引导观看者的视线随S形曲线蜿蜒移动。

S形构图还能使画面的线条富于变化，呈现出舒展的视觉效果。

拍摄时摄影师应该站在较高的位置上，以俯视的角度、采用长焦镜头，从河流、溪流经过的位置寻找能够在画面中形成S形的局部，这个局部的S形有可能是河道形成的，也有可能是成堆的鹅卵石、礁石形成的，从而使画面产生流动感。

⬆ 使用曲线构图拍摄，蜿蜒的河流不仅有视觉导向的作用，还增添了画面的美感。

运用对称构图表现水面的倒影

拍摄水面时，要体现场景的静谧感，应该以对称构图的形式使水边的树木、花卉、建筑、岩石或山峰等倒影在水中，这种构图不仅使画面极具稳定感，而且也丰富了构图元素。

如果采用这种构图形式，使水面在画面中占据较大的面积，则应该考虑到水面的反光较强，适当降低曝光量，以避免水面的倒影不清。

此外，需要注意的是平静的水面有助于表现倒影，如果拍摄时有风，则会吹皱水面扰乱倒影。

倒影的水景画面，岸上高低不一的树木、云朵与水里的倒影相映成趣，画面看起来十分平稳。

📷 17mm F11 1/10s ISO100

三分构图法拍摄自然、协调的湖面

将海平面放在画面的上方

地平线在画面中的位置不一样，画面效果也不会一样。当水平线在画面的上方时，可突出表现水平线下方的景物。由于是水面占据了画面的大部分，为了画面的美观，可利用长时间曝光得到水雾状的水流，为画面营造一种浪漫的气氛。

以高水平线构图拍摄水景，湖面表现得十分开阔，而雾状的水面也让画面显出一种浪漫的气氛。

📷 26mm　F8　1/35s　ISO100

将海平面放在画面的下方

拍摄水景时，为了不使画面过于单调，可以将云彩纳入画面。若要表现好云彩，在构图时可将海平面放在画面的下方，这样观者就会将注意力放在画面上方的云彩上。

以低水平线构图拍摄水景，天空表现得十分开阔，热烈的云彩则让画面显出一种动荡的气氛。

📷 24mm　F10　1/60s　ISO100

利用礁石或桥梁表现大纵深空间

单纯的水面在拍摄时，由于没有参照物，因此不容易体现水面的纵深空间感。在取景时，应该注意在画面的近景处安排水边的树木、花卉、岩石、桥梁或小舟，这样不仅能够避免画面单调，还能够通过近大远小的透视对比效果，表现出水面的开阔感与纵深感。为了获得清晰的近景与远景，应该使用较小的光圈进行拍摄。

前景中栈桥的纳入不仅丰富了普通的水景，也使画面的空间感得到了大大地增强。

📷 19mm F16 1/60s ISO100

局部特写水流小景致

当河流部分结冰的时候，可以将注意力放在类似周围结冰了的鹅卵石的小景致上，薄冰围绕在河床上突出的鹅卵石周围，会形成一个漂亮而又柔和的形状，如果这样的小鹅卵石比较多，可以找到三个或五个一组的石头，并使其形成好的构图。拍摄时尽量使它们充满画面，而其周围的石头和冰则摒弃在画面的外部。因为在拍摄风光照片时，细节部分的构图扮演着很重要的角色，必须保证那些不需要的元素在画面中不会干扰观者的视线。此外要注意画面的边缘，如果使用的相机取景器不是100%显示所拍摄的画面，则画面的边缘有可能会裁剪到拍摄场景中的景物，这样的对象会吸引观者的注意力，应该避免。

以特写形式来拍摄水流的局部，柔滑的水流与粗糙的鹅卵石形成质感上的软硬对比，画面看上去十分精致。

表现通透、清澈的水面

通过在镜头前方安装偏振镜，过滤水面反射光线，将水面拍得很清澈透明，使水面下的石头、水草都清晰可见，也是拍摄溪流、湖景的常见手法，拍摄时必须寻找那种较浅的水域。清澈透明可见水底的水面效果，很容易给人透彻心扉的清凉感觉，这种拍摄手法不仅能够带给观众触觉感受，还能够丰富画面的构图元素。

如果水面和岸边的景物（如山石、树木）光比太大无法兼顾，可以分别拍摄以水面和水边景物为测光对象的两张照片，再通过后期合成处理得到最终所需要的照片，或者采取包围曝光的方法得到三张曝光级数不同的照片，最后合成在一起。

使用偏振镜在晴朗的天气里拍摄水景，水底的石块都可以看得很清楚，画面给人一种清爽的感觉。

📷 15mm F8 1/250s ISO200

消除水面及石头反光

如果拍摄场景中有较多的石头，为了消除水流与湿润的石头的反光效果，应该在镜头的前面加装偏振镜，同时偏振镜也可以起到降低进光量和降低快门速度的作用，从而在拍摄溪流或瀑布时将水流的质感表现得更加柔顺。

➡️ 利用偏振镜消除了水面的反光，使水面看起来更清澈、透明，碧水蓝天的画面给人一种心旷神怡的感觉。

📷 28mm F8 1/200s ISO200

塑造柔滑如丝的水面效果

使用低速快门拍摄水面是水景摄影的常用技巧，不同的低速快门能够使水面表现出不同的美景，中等时间长度的快门速度能够使水面呈现丝般的水流，如果时间更长一些，就能够使水面产生雾化的效果，为水面赋予特殊的视觉魅力。拍摄时最好使用快门优先曝光模式，以便于设置快门速度。

在实际拍摄时，为了防止曝光过度，可以使用较小的光圈，以降低镜头的进光量，延长快门时间。如果画面仍然可能会过曝，应考虑在镜头前加装中灰滤镜，这样拍摄出来的瀑布、海面等水流是雪白的，有丝绸般的质感。由于快门速度很慢，所以一定要使用三脚架拍摄。

使用低速快门拍摄，水流表现的丝状效果，在树木的对比之下其柔滑感更加突出。
📷 17mm F16 0.8s ISO100

塑造奔腾如潮的海浪效果

要完美地表现出海浪波涛汹涌的气势，在拍摄时要注意对快门速度的控制。高速快门才能够抓拍到海浪翻滚的精彩瞬间，另外最好采用侧光或侧逆光拍摄，这两种光线的优点在于可以使画面的立体感增强，尤其是能突出被凝固浪花的质感，使画面有"近取其质，远取其势"的效果。拍摄时最好使用快门优先曝光模式，以便于设置快门速度。

使用高速快门拍摄，奔腾海浪的动感被十分精彩地拍了下来。
📷 105mm F8 1/500s ISO100

利用小船为水面增加趣味

没有陪体的水面是冰冷、孤寂的，为了使画面更有趣味、更生动，摄影师应该在水面上安排飞鸟、游艇等陪体，这样不仅能为画面增加视觉中心，还能够使画面多一些生机与联想。在拍摄时可以采用逆光的形式将飞鸟、游艇等陪体处理为剪影或半剪影形态。

 船只的纳入，不仅打破了水面宁静的气氛，还使画面增加了生机与活力。

📷 123mm F20 1/200s ISO400

逆光拍摄金色波光湖面

无论拍摄的是湖面还是海面，在逆光、微风的情况下，都能够拍摄到闪烁着粼粼波光的水面。

如果拍摄时间接近中午，光线较强，色温较高，则粼粼波光的颜色偏向白色；如果拍摄时是清晨、黄昏，光线较弱，色温较低，则粼粼波光的颜色偏向金黄色。

为了拍摄出这样的美景要注意以下两点。

● 要使用小光圈，从而使粼粼波光在画面中呈现为小小的星芒。

● 如果波光的面积较小，要做负向曝光补偿，因为此时场景的大面积为暗色调，如果波光的面积较大，是画面的主体，要做正向曝光补偿，以弥补反光过高对曝光数值的影响。

 使用小光圈拍摄，逆光下泛着波纹的水面被表现出金光粼粼的效果。

📷 93mm F8 1/6400s ISO1000

15.3 雪景摄影

通过增加曝光补偿拍摄洁白雪景

在色彩方面，对雪景最常见的文字描述是"白茫茫的世界"、"洁白如雪"、"雪白如银"，可见在拍摄雪景时，在画面中还原雪景的白色非常重要。

由于相机的内测光表是针对18%的中间灰作为标准测光的，因此在拍摄雪景等较亮的物体或场景时，较强的反射光会使相机的测光数值自动降低1～2挡的曝光量，而如果按此曝光量拍摄雪景，必然会由于曝光不足而得到灰色的雪，因此在保证不会曝光过度的情况下，拍摄雪景应该适度增加曝光补偿，这样才能使画面中的雪景有亮丽如银的白色效果。

除了曝光补偿外，如果要拍摄到洁白的雪景，还需要选择合适的天气，最合适的天气应该是晴朗的白天，这样白雪才会通过反射阳光，使整个雪景看上去亮白耀眼。

拍摄冬日雪景时，摄影师特意增加了1挡曝光补偿，白雪的明度得到准确地还原。

📷 17mm F6.3 1/500s ISO100

拍摄雪山的技巧

雪山的拍摄最好是在晴天，影调富有变化，适用侧光或侧逆光以表现雪山的明暗层次及冰峰的透明质感。偏振镜的使用可以将雪的反射光吸收，降低雪的亮度，提高色彩的饱和度。

曝光时如果使用相机的测光系统测光，容易造成曝光不足，应使用曝光补偿，增加1～2挡曝光量，或采用点测光模式对其中间调的部分进行测光，并将其锁住，然后再重新构图进行拍摄。

拍摄雪山时应该充分利用覆盖有雪的树枝和建筑等作为近景，以增加画面的空间感及突出冰雪的质感。

在晴朗的天气里用侧光拍摄雪景，在明暗层次对比下，白雪的质感被很好地表现出来。

📷 22mm F11 1/200s ISO100

利用偏振镜消除雪地反光

由于雪地的反光特别明显，所以拍摄出来的画面经常会呈现白茫茫的一片，为了避免这种情况的发生，可以在镜头前安装偏振镜，以消除雪地的反光，这样拍摄出来的画面就会比较有层次感。

 摄影师在拍摄时使用偏振镜将地面上的反光消除，从而使白雪看上去更洁白、天空更纯净，画面也变得更有层次感。

📷 18mm F11 1/125s ISO100

通过天空的蓝色映衬白雪

在拍摄雪景时，画面的背景色的最佳选择莫过于蓝色，因为蓝色与白色的明暗反差较大，因此当蓝色映衬着白色时，白色显得更白，这也是为什么许多城市的路牌都使用蓝色的底、白色的文字。

如果要拍摄出这样的画面，可以选择平视或仰视的角度，采用平视的角度时，雪地的面积应该较大，而且在雪地上最好有延伸至画面深处且不显得凌乱的人行或车行痕迹，以扩展画面的空间感。

如果选择的是仰视角度，拍摄的题材最好是挂有雾凇的树枝或有线条感的枯草，雾凇的质地松脆且不耐高温，温度高或有风时，雾凇会融化、脱落，因此应该在无风的早晨拍摄。另外，应该采用逆光或侧逆光拍摄，这样能够表现出雾凇晶莹剔透的质感。为了使蓝色看上去更纯粹、透彻，拍摄时应该使用偏振镜。

 使用偏振镜拍摄，纯净的白雪在蓝天的映衬下变得更加洁白，画面给人一种很干净的感觉。

📷 24mm F8 1/125s ISO100

利用明暗对比突出飞舞的雪花

雪景中的树、山石与房屋都是常见的拍摄题材，在拍摄这样的题材时，可以通过对较亮的位置进行测光，从而使树枝、山石或房屋表现出相对较暗的色调，使画面中的反差增大，为画面增加形式美感。

 在拍摄雪花时，以暗色调的房屋作为背景，洁白的、飞舞的雪花被衬托得更加突出。

📷 30mm F4.5 1/80s ISO200

运用侧光/侧逆光拍摄质感强烈的冰雪细节

拍摄高亮度的冰雪时，丰富的质感细节是非常重要的。为了更好地表现冰雪的细微晶体物和细节，除了精准控制曝光量、缩小光圈外，还可以通过选择光线和背景来表现。

首先，适宜选择侧光和侧逆光以较低角度进行拍摄，在这样的光线下冰雪细微的明暗变化会被强化，增强其立体感；其次，可以考虑选择带有强色彩感的环境作为背景。

在侧逆光光线下，用小光圈来拍摄雪景，冰雪的细节被表现得十分清晰，画面的立体感也得到了增强。

📷 17mm F8 1/160s ISO200

用逆光拍出晶莹的雪花

除了铺满雪的地面以外，很多建筑、围栏、树木上也或多或少地挂着一些雪，此时可以利用逆光光线，表现半透明状的雪。在拍摄时，应注意以雪的曝光为准，如果其他元素（如太阳）的曝光过度，则应尽可能在画面中避免这样的元素出现。

摄影师使用逆光光线来拍摄枝头上的冰雪，冰雪表现出晶莹剔透的感觉，看上去十分迷人。
📷 200mm F5.6 1/800s ISO250

使用高色温白平衡获得冷调雪景

在拍摄时，使用白炽灯白平衡或手动设置较高的色温，可以让画面呈现冷调效果，突出雪景的冷酷。但要注意的是，不要为了追求"冷"的效果而将色温调得过高，通常在7500K左右就已经很高了，否则可能会出现色彩过度饱和的问题，画面的细节损失也会比较严重。

使用高色温白平衡进行拍摄，画面获得了冷色调的效果，同时也将冬季寒冷的感觉表现得很好。
📷 28mm F6.7 1/180s ISO100

夕阳时分拍出有色的雪景

在清晨与黄昏，当太阳刚刚升起或即将落下时，斜照的阳光光线受到大气中微尘、水汽等的散射，使阳光中波长较短的紫色光、蓝色光大部分被散射，只余下波长较长的红、橙、黄等色光，如果此时拍摄雪景，将会拍摄到橙色的画面。在温暖的画面中，寒冷的白雪让人感觉到一种不同的亲切感。

要拍摄这样的画面，日出后、日落前的**15min**（分钟）是成败的关键，因此每一个摄影师都应该抓紧这样一段宝贵的拍摄时间，多拍好片。

此时曝光应该以大面积的雪景为主要依据，另外还要防止由于雪面反光而形成的眩光，可以用遮光罩或遮阳伞，也可以通过全开光圈来防止眩光。

⬆ 夕阳时分拍摄，由于色温较低通常会拍到暖调效果的画面，将白雪也渲染成好看的淡紫色调。

15.4 日出日落摄影

选择正确的曝光参数是成功的开始

拍摄日出与日落时，较难掌握的是曝光控制。日出与日落时，天空和地面的亮度反差较大，如果对准太阳测光，太阳的层次和色彩会有较好的表现，但会导致云彩、天空和地面上的景物曝光不足，呈现出一片漆黑的景象；而对准地面景物测光，会导致太阳和周围的天空曝光过度，从而失去色彩和层次。

正确的曝光方法是使用点测光模式，对准太阳附近的天空进行测光，这样不会导致太阳曝光过度，而天空中的云彩也有较好的表现。

为了保险起见，可以在标准曝光参数的基础上，增加或减少一挡或半挡曝光补偿，再拍摄几张照片，以增加挑选的余地。如果没有把握，不妨使用包围曝光，以避免错过最佳拍摄时机。

一旦太阳开始下落，光线的亮度将明显下降，很快就需要使用慢速快门进行拍摄，这时若用手托举着长焦镜头会很不稳定。因此，拍摄时一定要使用三脚架。拍摄日出时，随着时间推移，所需要的曝光数值会越来越小；而拍摄日落则恰恰相反，所需要的曝光数值会越来越高，因此在拍摄时应该注意随时调整自己的曝光数值。

用不同焦距的镜头拍出不同大小的太阳

在拍摄太阳的画面时，由于太阳的距离较远，在画面呈现中所占据的比例非常小。通常，在标准的35mm幅面的画面上，太阳只是焦距的1/100。如果使用50mm标准镜头，则太阳大小为0.5mm；而如果使用200mm的镜头，则太阳大小为2mm。依此类推，当使用400mm长焦镜头时，太阳的大小就能达到4mm。

在这里摄影师使用长焦镜头将太阳在画面中放大，突出主体的同时，增加画面冲击力；与此同时，摄影师还可将前景处的景象也纳入到画面中，以丰富画面视觉，使画面更加生动，有意境。

另外，由于使用长焦镜头或者镜头的长焦端进行拍摄，焦距较长，微微的抖动都会影响画面清晰度的呈现，故对相机稳定性有较高的要求，摄影师需考虑配合使用三脚架进行拍摄。

⬆️ 使用镜头的长焦端拍摄到大太阳的画面，而作为前景的人物剪影也增加了画面的形式美感。
📷 200mm F8 1/800s ISO100

用白平衡调控色彩拍摄冷暖对比的晨夕画面

在晨夕时分，地平线和天空中会呈现两种冷暖色调的对比，此时使用白炽灯白平衡可以让天空的色温变高（色调偏冷），而原本的红色仍然可以保留原色，从而形成鲜明的冷暖对比。

⬆ 摄影师通过调整白平衡来对日出景象进行拍摄，这张画面表现出了冷暖色调的对比效果，看起来瑰丽又迷人。
📷 26mm　F22　1/2s　ISO100

用白平衡调控色彩拍摄金色夕阳

金色夕阳效果一直是众多摄影爱好者，乃至专业摄影师所乐于表现的题材之一，要表现画面的暖色调效果，最好能够在色温较低的夕阳时分进行拍摄，并将相机的白平衡设置为阴天或阴影白平衡，这样可以让画面显得更暖，即拍摄出金色夕阳的色调效果。

使用阴影白平衡来拍摄夕阳，画面表现出浓郁的暖色调效果，帝中夕阳被表现得十分迷人。
📷 65mm　F7.1　1/800s　ISO100

用云彩衬托太阳使画面更辉煌

拍摄日出、日落时，云彩有时是最主要的表现对象，无论是日在云中还是云在日旁，在太阳的照射下，云彩都会表现出异乎寻常的美丽，从云彩中间或旁边透射出的光线更应该是重点表现的对象。因此，拍摄日出、日落的最佳季节是春、秋两季，此时云彩较多，可增加画面的艺术感染力。

⬆ 大面积的火烧云衬托着太阳，画面看起来很有视觉冲击力，层次也很丰富。
📷 24mm F10 1.6s ISO50

捕捉透射云层的光线

放射线的视觉张力很强，可利用太阳的光线构成放射线构图，使画面看起来很有视觉冲击力。拍摄时应将太阳安排在画面的下方，阳光透过云层形成向上放射的放射状线条，使画面看起来很有张力，视觉冲击力很强。

⬆ 光线透过云彩向上发散，使用点测光对云层的中灰部测光后，降低曝光补偿使光线的投射效果更加强烈。
📷 17mm F6.7 1/180s ISO400

剪影效果的拍摄技巧

在逆光条件下拍摄日出日落景象时，考虑到景象光比较大，而感光元件的宽容度无法照顾到景象中最亮、最暗部分的还原呈现，在这种情况下，摄影师大多选择将背景中的天空还原，而将前景处的景象处理成剪影状，增加画面美感的同时，还可营造画面气氛。但在拍摄时，其剪影较易偏灰，遇到这种情况时，摄影师可适当增加负曝光补偿，以使剪影呈纯黑的同时，画面色彩更加浓郁。

以暖色的天空为背景表现水面上的礁石剪影，拍摄时摄影师适当地降低了曝光补偿，画面很有感染力。

📷 52mm F14 2.5s ISO50

太阳星芒的拍摄要点

为了表现太阳耀眼的效果，烘托画面的气氛，增加画面的感染力，可在镜头前加装星芒镜，达到星芒的效果。如果没有星芒镜，还可以缩小光圈进行拍摄，通常需要选择F16~F32的小光圈，较小的光圈可以使点光源出现漂亮的星芒效果。光圈越小，星芒效果越明显。如果采用大光圈，灯光会均匀分散开，无法拍出星芒效果。

使用星芒镜拍摄太阳，太阳表现出十分耀眼的星芒效果，格外夺人眼球。

📷 200mm F5.6 1/800s ISO250

15.5 树木摄影

垂直线构图拍出树木的生命力

　　树木的种类繁多，不同的种类有不同的风韵。例如，北方有些树木是笔直高耸的，所以最适合采用垂直线构图。在右图中，高耸笔直的树木在画面中形成了好看的竖构图，使画面看起来非常简洁、分明。

 使用垂直线构图拍摄密集的树林，树木的生命感凸显，画面有种无限上下延伸的感觉。

仰视拍摄直插向天空的树木

　　当摄影师身处众多围绕四周的高大物体中间时，通常会选择仰起镜头垂直向上进行拍摄，这样可以使镜头前的物体产生一定的视觉透视，向着中心点进行汇聚。仰视拍摄树木枝干时，会形成从画框四个方向向着中央汇聚的画面效果，同时枝干的汇聚也会带动观者的视线产生汇聚感，增强画面的空间立体流通感。

 仰视拍摄树林，镜头广角端的使用使树木呈汇聚状直插天空，画面的视觉冲击力特别强。

📷 18mm F8 1/250s ISO200

用局部叶子勾勒意境

当我们身处树林中想拍摄绿叶时，不要总想着把所有的枝叶都拍全，我们可以找到树叶的一角，让它占据画面2/3左右的空间，而其他区域则是尽量地留白，如果背景确实比较杂乱，那么可以使用大光圈或长焦距将背景虚化，以突出要表现的主体。

 使用大光圈拍摄布满影子的树叶，在虚化的背景下，叶子看起来十分迷人且意境悠远。

📷 90mm F1.8 1/500s ISO200

表现细腻的纹理

除了叶脉之外，很多叶子上面还有着非常细腻、精致的纹理，通过合理的构图，也可以表现出非常不错的效果。

 以大光圈来拍摄树叶，叶子上细腻的纹理被表现得十分清晰，让人看到了平时不易看到的细节之美。

表现独特的韵律

很多叶子都具有很强的韵律性，把握其韵律特点进行拍摄，也能够得到很不错的摄影作品。

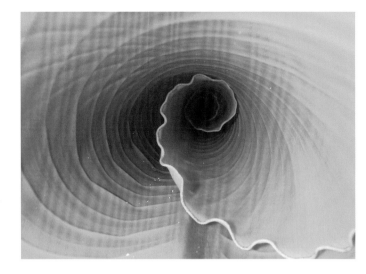

以特写形式来拍摄旋转状的叶子，画面表现出很强的韵律感。

8mm F8 1/1000s ISO100

用深色背景突出主体

与拍摄花卉一样，我们也可以使用黑色的背景来衬托主体叶子。在室外拍摄时，可以充分利用自然光线产生的阴影作为背景，从而轻松营造出深色甚至是黑色背景的神秘感。

以深色的背景拍摄树叶，叶子被表现得十分明快，且带有一种神秘感。

50mm F2.8 1/2000s ISO200

捕捉射入林间的光线

当阳光穿透树林时，由于被树叶及树枝遮挡，因此会形成一束束透射林间的光线，这种光线被有的摄友称为"耶稣圣光"，能够为画面增加神秘感。

要拍摄这样的题材，最好选择早晨及近黄昏时分，此时太阳斜射向树林中，能够获得最好的画面效果。在实际拍摄时，可以迎向光线采用逆光拍摄，也可以与光线平行采用侧光拍摄。在曝光方面，可以以林间光线的亮度为准拍摄出暗调照片，以衬托林间的光线，也可以在此基础上增加1~2挡曝光补偿，使画面多一些细节。

 雾气弥漫的树林，一束阳光忽然照射进来，摄影师将其捕捉下来，光线表现为放射性的线条，使画面看起来具有一定的神秘感。

逆光展现树木独特的轮廓线条之美

每一棵树都有独特的外形，或苍枝横展，或垂枝婀娜，这样的树均是很好的拍摄题材，摄影师可以在逆光的位置观察这些树，从中找到轮廓线条优美的拍摄角度。

如果拍摄时，太阳的角度不太低，则应该注意，不仅要在画面中捕捉到被拍摄树木的轮廓线条，还要在画面的前景处留出空白，以安排树木投射在地面上的阴影线条，使画面不仅有漂亮的光影效果，还能够呈现较强的纵深感。

为了确保树木的轮廓呈现为剪影效果，拍摄时应该用点测光模式，对准光源周围进行测光，以获得准确的曝光。

 在逆光光线下，使用点测光模式进行拍摄，树木的轮廓线条美被表现得更加突出。

📷 50mm F8 1/60s ISO200

拍摄秋季树木美景——枫叶林塑造枝繁叶茂的效果

秋天的树叶呈现出多种颜色，给人一种强烈的丰收、喜悦之感。此时拍摄树木，要注意运用成片的色彩和近似的影调来形成美丽的图案，以使画面充满秩序美和形式美。

但要注意的是，画面对于色彩的表现不要太丰富，要尽量控制在3种以内。如果能够配合色彩对比或协调进行表现，可以得到非常好的视觉效果，如果颜色太多，将会给人杂乱无章的感觉。

拍摄大面积红色的秋叶，会给人一种喜悦的感觉，同时密集的树木又表现出枝繁叶茂的效果。

31mm F8 1/125s ISO250

拍摄冬季树木美景——雾凇

雾凇，俗称树挂，其姿态万千、冰清玉洁，在阳光的照射上璀璨夺目，是许多风光摄影师熟悉的冬景必拍题材之一。雾凇是在气温低于0℃且又有雾的情况下形成的，当雾气温度低于0℃时，雾中的水滴就会凝结在物体表面上，如树枝、树叶、野草、电线等。因此，雾凇不只是出现在树上，只是由于树上的雾凇有更漂亮的姿态，因此风光摄影师拍摄的绝大部分是树上的雾凇。

吉林松花江畔是我国最著名的拍摄雾凇的景地，此外，我国南方的高山上，如黄山、庐山、峨嵋山等，由于山高气寒，又经常有云雾笼罩，因此也有漂亮的树挂。

拍摄雾凇的角度最好选择在侧面，因为只有在侧面观看，树枝才呈现出一侧有雾凇、另一侧没有的状态。因此，拍摄后有雾凇的一侧能够清晰地勾勒出树、树枝的轮廓、伸展姿态，就像在树枝外侧镶上了一层白玉般的装饰，使树枝如银雕玉琢，并与没有雾凇的树枝暗部形成鲜明的对比，使照片的层次丰富、立体感强。

在侧面角度拍摄雾凇，树枝表现得一侧有雾凇、一侧无雾凇，画面整体看起来层次丰富、立体感强。

选择合适的光线、背景拍摄雾凇

　　拍摄雾凇的关键性问题除了角度还有光线的方向。如果拍摄的是全景、远景或者地面上有积雪的场景，宜采用柔和、角度不太大的逆光或侧光，以获得影调丰富、立体感、质感强的画面。

　　如果以近景拍摄树挂，且树挂比较薄能够透射光线，宜用逆光或侧逆光，这样能够在较暗的背景下得到晶莹剔透的树挂效果，其质感格外鲜明突出；如果树挂厚实、透光差，为了表现树挂晶莹洁白的质感与细腻的结构，就应该用侧光拍摄。

　　拍摄树挂时背景的选择也很重要，最理想的背景是蓝天，银白色的树挂衬托在蓝色的天空上，可以将景物统一在蓝、白为主的冷色调里，渲染和烘托出"冬"与"寒"的气氛和意境，色彩不但饱和，而且明快洗炼。除了蓝天外，深暗的景物也可以作为拍摄树挂的背景。

　　在侧光光线下，以蓝天为背景拍摄雾凇，雾凇的质感表现得特别强，而简洁的色彩又让树木表现出顽强的生命感。

15.6 云霞摄影

长时间曝光拍摄具有动感的云彩

很少有人长时间地盯着天空中飞过的流云，因此也就很少有人关注头顶上的云彩来自何方，去向哪里，但如果摄影师将镜头对着天空中看上去漂浮不定的云彩，则一切又会变得与众不同。

在低速快门的拍摄下，云彩会在画面上留下长长的轨迹，呈现出很强的动感。要拍摄这种效果，需要将相机固定在三脚架上，采用B门进行长时间曝光。在拍摄时为了避免曝光过度，导致云彩失去层次，应该将感光度设置为ISO100这样一个较低的数值，如果仍然会曝光过度，可以考虑在镜头前面加装中灰镜，以减弱进入镜头的光线。

在长时间曝光的情况下，云彩在天空中留下了长长的运动轨迹，看起来动感十足。

16mm F7.1 150s ISO200

拍摄蓝天白云要注重运用偏振镜

要想拍摄纯净、洁白且又不失层次感的白云，可以增加蓝天的饱和度，以此为衬托使白云更白。但是拍摄时，应在镜头前加装偏振镜，从而增加蓝天、白云等景物的色彩饱和度，使蓝天变得更蓝，使云彩变得更立体，同时画面的色彩也会更浓郁一些。

⬆ 使用偏振镜拍摄，蓝天变得更加蔚蓝，白云变得更加洁白，画面给人一种心旷神怡的感觉。

留白让云雾画面更有意境

留白是拍摄雾景画面的常用构图方式，即通过构图使画面的大部分为云雾或天空，而画面的主体，如树、石、人、建筑、山等，仅在画面中占据相对较小的面积。

构图时注意所选择的画面主体，应该是深色或有其他相对亮丽一点色彩的景物，此时雾气中的景物虚实相间，拍摄出来的照片很有水墨画的感觉。

在拍摄黄山云海时，这种拍摄手法基本上可以算是必用技法之一，事实证明，的确有很多摄影师利用这种方法拍摄出漂亮的、有水墨画效果的作品。

⬇ 在大雾天气里拍摄山景，将画面大部分留白，画面虚实相间，颇有水墨画之味。
📷 24mm F8 1/200s ISO100

巧借夕阳光线拍摄两极色彩的云彩

　　夕阳时分，配合荧光灯白平衡的设置，可以使靠近夕阳区域的云彩拥有暖色调，而远离夕阳的区域则偏向冷色调。最常见的是在画面上方的天空为冷调、下方的夕阳为暖调。如果有合适的时机，也可以拍摄到左暖、右冷的色调效果。

　　以荧光灯白平衡的设置来拍摄夕阳景色，画面得到了冷暖交加的色彩效果，视觉感十分强烈。

　　18mm F8 1/20s ISO200

顺光拍摄天空带有细节的云彩

　　逆光拍摄时，镜头正对或斜对着太阳，而太阳的光照会让天空变得明亮，使得蓝色变淡，因此不适合表现蓝天、白云的效果。而顺光拍摄时，则可以很好地对云彩细节进行表现。

以顺光光线拍摄，画面看起来十分明亮，海面上空云彩的细节也被很好地表现出来。

28mm F16 1/4s ISO50

逆光拍摄带有亮边的云彩

逆光光线下拍摄天边较为厚重的云朵时效果尤为独特，因为云彩很厚时光线很难透射过来，呈现出深暗的剪影状，而较为淡薄的外轮廓边缘处则可将强逆光照射的光线投射出来，从而得到仿佛为云朵镀上金边一般的画面效果，为画面增添了较强的戏剧色彩与感染力。

⬆ 逆光光线下拍摄天空中的云彩，光线在云彩的边缘处形成了一圈亮边，看上去十分漂亮。

📷 95mm F5.6 1/1250s ISO200

⬆ 以小光圈拍摄，光线在云彩边缘形成的亮边被清晰地拍摄下来，使画面极富感染力。

📷 55mm F8 1/2000s ISO200

15.7 草原摄影

用超宽画幅表现辽阔的草原

虽然用广角镜头能够较好地表现开阔的草原风光，但面对着一眼望不到尽头的草原，只有利用超长画幅才能够真正给欣赏者带来视觉上的震撼与感动。

超长画面并不是一次拍成的，通常都是由几张照片拼合而成，其高宽比甚至能够达到1：3或1：5，因此能够以更加辽阔的视野，展现景物的全貌。

由于要拍摄多张照片进行拼合，因此在转动相机，拍摄不同视角的场景时，注意彼此之间要有一定的重叠，即在上一张照片中出现的标志性景物，如蒙古包、树林、小河，应该有一部分在下一张照片中出现，这样在后期处理时，才能够更容易地拼合在一起。

使用超宽画幅拍摄草原，草原被表现得十分辽阔，有种一眼望不到尽头的感觉。

48mm F6.3 1/1250s ISO250

用散点式构图拍摄草原的牛羊

要拍摄辽阔的草原照片，画面中仅有天空和草原会显得平淡而乏味，因此必须要为画面安排一些能够带来生机的元素，如牛群、羊群、马群、收割机、勒勒车、蒙古包、小木屋等都可以。

如果上述元素在画面中分布较为分散，可以使用散点式构图，拍摄散落于草原之中的农庄、村舍、马群等，使整个画面有自然、质朴的气息。

如果这些元素分布并不十分分散，应该在构图时注意将其安排在画面的黄金分割点上，以使画面更美观。

使用散点式构图拍摄草原上的牛群，画面透出一种自然、质朴的气息，让人觉得十分清新。

📷 28mm F4 1/640s ISO80

拍摄山丘起伏的草原

有些草原之上有山丘起伏不定的丘岭地形，要拍摄好这种地形的照片，重点在于用光和构图的把握。

在光线方面，应该利用侧光、逆光或侧逆光，将线条优美的山丘轮廓勾画出来，为画面增加空间感和层次感。

构图方面应该注意山丘轮廓的线条感觉，线条在画面中宜精不宜繁，每一根线条都应该有其明显的起始与终止位置，不能在画面上看起来交错、重叠。

曝光时可以用较小的光圈，以产生较大的景深，并对着山丘的高光部位测光，以加大光比，使起伏的草原更显其魅力。

以广角镜头和小光圈来拍摄山丘起伏的草原，画面表现出了大景深的效果，层次感和空间感也十分凸显。

📷 24mm F11 1/250s ISO200

第16章

人像、儿童

16.1 户外人像摄影

让人物成为视觉中心的三分构图法

三分构图法是指用横线或竖线将画面向横方向或纵方向平均分成3份，从而将被摄主体放在横线或竖线上的构图方式。

如果拍摄的是全景或半身照片，人体的线条通常应该在垂直方向的三分线上；如果拍摄的是特写，可以将眼睛放在横向三分线上。

 使用三分构图法拍摄身穿黄色裙子的女子，画面显得十分自然。

📷 85mm F4 1/200s ISO100

表现女性身材柔感的曲线构图法

曲线构图又称S形构图，即通过调整镜头的焦距、角度，或者通过被摄者自身的扭动，使画面呈现S形曲线。由于画面中存在S形曲线，因此能够使观者感到趣味无穷，并给人物增添了圆润与柔滑感，使画面充满了动感和趣味。

曲线构图使主体呈现S形的弯曲状态，使其富有变化，显得很优美。使用曲线构图所得的视觉效果比直线生动。女性柔美的身体曲线，总给人以美的感受，因此也成为人像摄影中常用的一种构图方法。

以曲线构图拍摄扶在玻璃墙上的女孩，女孩柔美的身段被很好地表现出来，画面充满了动感和青春的气息。

35mm F2.8 1/500s ISO100

拉伸人物身材美感的斜线构图法

在拍摄女性人像时，为了将她们修长的身材展露出来，斜线构图是常用的方法之一。一般通过模特的身姿与拍摄角度之间的配合来构成斜线构图。例如，通过模特身体的前倾或后倾来形成斜线构图，避免了人物姿态的呆板，使人物身材更具美感。

侧面的坐姿利用斜线构图表现后，使模特的腿看起来很修长，身姿很优美。

35mm F4 1/100s ISO250

横画幅拍摄人像

横画幅的画面比较开阔，清楚地交代了场景地点，适合人物与环境一体的人像摄影，可以包含更多的场景，也可以拍摄群体人像等。

横画幅拍摄时将人物的视线预留一定的空间，使画面在水平方向上得到了延伸，同时也让拍摄的环境展现出来。

135mm F2.8 1/400s ISO100

竖画幅拍摄人像

竖画幅即竖长方形构图，地面呈现的面积比例小。这种画幅形式也是拍摄人像常用的构图形式。竖画幅更加强调画面中的垂直因素以及画面的纵深度，无论是拍摄全身人像还是半身人像，都可以使用这种形式。

在竖画幅中将被摄者身体的绝大部分纳入画面，其身体的动态被很好地表现出来。

50mm F2.8 1/400s ISO100

俯视拍摄人像

　　俯视拍摄有利于表现被摄人物所处的空间层次；对正面半身人像，能起到突出头顶、扩大额部、缩小下巴、掩盖头颈长度等作用，从而产生脸部清瘦的效果。需要注意的是，如果画面中被摄人物的四周留下许多空间，会产生孤单、寂寞的感觉。俯视适合表现女孩的面部，因为透视原因，可以使眼睛看起来更大，下巴看起来更小，突出被摄者的妩媚感。

从上往下看，模特的眼睛显得特别大，脸蛋儿特别小，将女性妩媚的感觉表现出来。

📷 50mm F1.4 1/800s ISO200

仰视拍摄人像

　　仰视角度拍摄是指摄影师降低机位自下而上进行拍摄，这一拍摄视角会使画面中的线条向着画面上方的透视点汇聚，从而产生较强的视觉透视效果。在仰拍人像时，可使人物腿部在视觉上被拉长，从而将被摄人物衬托得高大挺拔。此外，这一角度在有效简化画面背景方面起着很好的作用。

以天空为背景，仰视角度表现站立的模特，模特看起来格外修长、高挑，画面也十分简洁。

📷 24mm　F7.1　1/800s　ISO200

运用长焦镜头获得浅景深

镜头焦距与景深之间的关系为：镜头焦距越短，景深范围越大；反之，景深范围越小。所以在人像摄影中，经常使用长焦镜头来进行拍摄，这样有利于虚化背景，获得浅景深。

利用长焦镜头将远处的模特拉近拍摄，并将周围的环境虚化，画面简洁，模特在画面中十分突出。

📷 200mm F2.8 1/1250s ISO400

选用大光圈获得浅景深

影响景深的三个主要因素为：光圈的大小、镜头焦距、被拍摄体的距离。所以在拍摄人像时，为了获取浅景深可以从这三个方面入手。

光圈与景深的关系如下：光圈越大，景深越小；光圈越小，景深越大。在拍摄人像时为了获得小景深，应该适当选择较大的光圈，这样才能有效地突出人物主体。

在户外拍摄的画面，利用较大的光圈虚化掉了周围杂乱的环境，使画面变得很简洁，模特在画面中很突出。

📷 200mm F2.8 1/800s ISO100

靠近被摄者获得浅景深

被摄者与拍摄者之间距离越远，景深越大；距离越近，景深越小。所以拍摄人像时，在背景与模特距离保持不变的情况下，通过移动相机靠近模特可以轻易获得浅景深的效果。

在户外拍摄的画面，由于靠被摄者较近，得到小景深的画面，使模特在画面中很突出。

📷 50mm F2 1/200s ISO800

让背景远离被摄体获得浅景深

当拍摄一些带故事情节或环境的人像时，为了获得浅景深的效果，可以让背景或前景远离被摄对象，以此达到将它们有效虚化的目的。

让模特远离背景进行拍摄，可得到十分漂亮的浅景深画面效果，人物显得十分清晰。

135mm F2.2 1/60s ISO200

人物视线方向留白延伸画面空间感

拍摄人像时，在画面中进行适当留白会增加画面的流通性与宽松感，一般常用的留白是在人物视线方向的留白，这样可以使人物视线方向的空间得以延伸，让观者对人物视线方向的内容产生遐想，不至于让画面产生拥挤、堵塞的感觉。

为模特眼神的方向留出空间，这样的留白看起来很舒服，而且也使画面的横向空间感得到了延伸。

135mm F2.8 1/500s ISO100

利用环境留白渲染画面气氛

还有一种留白是为了烘托气氛的环境留白，这种留白有利于对环境气氛的交代与渲染，以增加画面的情调与意境。同时，环境对于刻画人物的情绪变化也有极大的帮助。

模特在逆光光线下显出漂亮的头发光，而留白的环境使画面看起来灵韵、飘渺。

180mm F5.3 1/800s ISO100

逆光拍摄漂亮的头发光

逆光环境下，可以创造出既简洁又充满表现力的魅力影像，是在人像摄影中最常使用的一种手法。逆光拍摄人像，可以把被摄模特的轮廓勾勒出来，彷佛用光为被摄对象，尤其是头发部分，镶上了一层金边，使画面中的人像产生一种神圣感。

拍摄时需要注意对人物轮廓及周围进行测光，并增加一挡曝光补偿，才能顺利拍摄出金色轮廓的效果。

除了梦幻的金色轮廓光效果外，在夕阳西下的强烈逆光环境下，还可以通过正确的测光及对焦方法，让人物呈现出简单而有视觉冲击力的剪影效果。此时测光点应该在画面中较明亮的地方，而测光模式则应该使用点测光模式。

后方照射过来的光线将模特的头发渲染成好看的金黄色，在红绿色交加的画面里看上去十分漂亮。
135mm F2.8 1/320s ISO100

侧光表现人物的立体感

　　侧光会营造出极强光比的画面，从而使被摄体的受光面沐浴在强烈的光源之中，而背光面掩埋在沉重的阴影黑暗之中。

　　这种光线具有很强的塑形能力，因此很多人称侧光为塑形光。侧光营造的立体感极佳，在人像摄影中用于表现被摄人物面部五官的效果非常理想，而且明暗分明，很适合拍摄棱角分明的男人。不过由于侧光可以制造出明暗分明的画面，所以对控制能力要求比较严格，在使用时需要多加练习。

使用侧光光线拍摄人像，人物看起来轮廓分明，五官十分有立体感。

85mm　F2　1/800s ISO100

高调风格适合表现艺术化人像

高调人像的画面影调以亮调为主，暗调部分所占比例非常少，较常用于女性或儿童人像照片，且多用于偏向艺术化的视觉表现。

在拍摄高调人像时，模特应该穿白色或其他浅色的服装，背景也应该选择相匹配的浅色，并在顺光的环境下进行拍摄，以利于画面的表现。在阴天时，环境以散射光为主，此时先使用光圈优先模式（A 挡）对模特进行测光，然后再切换至手动模式（M 挡）降低快门速度以提高画面的曝光量，当然也可以根据实际情况，在光圈优先模式（A 挡）下适当增加曝光补偿的数值，以提亮整个画面。

在以浅色为主的环境里拍摄高调人像，把少量的重颜色安排在黄金分割线上，画面看上去十分自然，而少女青春、甜美的样子也得到了凸显。

低调风格适合表现个性化人像

与高调人像相反，低调人像的影调构成以较暗的颜色为主，基本由黑色及部分中间调颜色组成，亮部所占的比例较小。

在拍摄低调人像时，如果采用逆光拍摄，应该对背景的高光位置进行测光；如果采用侧光或顺光拍摄，通常是以黑色或深色作为背景，然后对模特身体上的高光区域进行测光，该区域以中等亮度或者更暗的影调表现出来，而原来的中间调或阴影部分则再现为暗调。

在室内或影棚中拍摄低调人像时，根据要表现的主题，通常布置1~2盏灯光。比如，正面光通常用于表现深沉、稳重的人像；侧光常用于突出人物的线条；而逆光则常用于表现人物的形体造型或头发（即发丝光），此时模特宜穿着深色的服装，以与整体的影调相协调。

在深色背景下，前侧光仅打亮了模特一小部分面积，形成了低调效果的画面，透出一种深沉、神秘的气息。

35mm F6.3 1/160s ISO400

16.2 夜景人像摄影

也许不少摄影初学者一提到夜间人像的拍摄，首先想到的就是使用闪光灯。没错，夜景人像的确是要使用闪光灯，但也不是仅仅使用闪光灯如此简单，要拍好夜景人像还得掌握一定的技巧。

拍摄夜景人像最简单的方法是使用数码相机的"夜景人像"模式。在相机的模式转盘上选择该模式后，相机会自动对各项参数进行优化，使之有利于拍摄到更好的夜景人像。当然，这是一种全自动的拍摄模式，我们无法根据自己的要求来调整相机的各种参数。

使用高级拍摄模式拍摄夜景人像可以由摄影师主动掌握拍摄效果。首先开启闪光灯，选择慢速同步闪光，在此模式下，相机在闪光的同时会设定较慢的快门速度，闪光灯对人物进行补光，而较慢的快门速度使主体人物身后的背景也有很好的表现。不过，慢速同步闪光只支持程序自动模式和光圈优先模式。

由于拍摄夜间人像经常要用较慢的快门速度，所以拍摄前一定要准备好一个三脚架，这样就可以放心地使用较慢的快门，拍摄到清晰的照片了。

在灯光较多的夜景中，低速快门和三脚架结合拍摄，得到了曝光合适的人像画面。

📷 85mm F1.8 1/20s ISO160

16.3 弱光下拍摄人像的拍摄技巧

弱光下拍摄人像的对焦操作

在弱光环境下拍摄人像时，首先要考虑的就是对焦问题，根据相机和镜头对焦系统性能的不同，对焦速度上或多或少都会存在延迟的现象。因此，可以使用中央对焦点进行对焦，其对焦性能通常是最高的。另外，绝大部分数码单反相机都提供了对焦辅助功能，例如尼康相机的对焦辅助灯，佳能相机利用内置闪光灯进行频闪，帮助拍摄者进行辅助对焦。

在弱光环境中拍摄人像，摄影师使用中央对焦点进行对焦拍摄，得到了人物曝光合适的画面。

📷 200mm F2.8 1/200s ISO200

弱光下拍摄人像的感光度设置

弱光下拍摄人像时的感光度设置很重要，原因是弱光环境下的快门速度较低，因此需要提高感光度来提高快门速度，但同时还要注意的是，要保证一定的画面质量，即以不会产生明显噪点为原则。在实际拍摄时，可以多拍几张不同感光度的照片进行测试，然后再选择一个合适的感光度进行拍摄。

➡ 通过提高ISO数值，使弱光环境下拍摄的人像也能够得到正确曝光，而且人物的皮肤显得很白皙、柔嫩。
📷 25mm F4 1/60s ISO800

弱光下拍摄人像的快门速度

弱光环境下的快门速度通常都会比较低，因此要特别注意会不会由于快门速度过低，使得轻微的抖动造成画面的模糊。通常情况下，快门速度不应该低于当前拍摄时所使用的等效焦距的倒数。例如，以50mm的等效焦距进行拍摄，那么通常会设置1/50s以上的快门速度——当然，这也因各人手持相机的稳定性而有所不同。

⬅ 在光线不是很充足的室内拍摄人像，摄影师适当地放慢快门速度，得到了沉稳、神秘的画面。
📷 28mm F3.2 1/50s ISO250

16.4 在不同的天气情况下运用不同的拍摄技巧

午后强光下的拍摄技巧

烈日的光线垂直照射地面，形成顶光，容易出现曝光过度的现象，是摄影的大忌。其实，在拍摄时选择适当的角度就可以避免这样的情况发生了。例如，让被摄者背对光线，还可以在头上形成一圈轮廓光，注意拍摄时对面部进行补光。

实际上，笔者并不太赞成在烈日下拍摄，这对摄影师和模特都是一个极大的考验——这种考验不止来自身体上的煎熬，同时还包括光照过强时，模特容易表情不自然，而且这种强烈的光线也不易控制，很容易形成局部的曝光过度等问题。

因此，建议尽可能不要在这种光线下拍摄，如果一定要拍，那么也建议找个阴影地方，这样在强光照射下，阴影中的漫射光也会非常充足，可以拍摄到很好的人像照片——拍摄时，可适当增加0.3～1挡的曝光补偿。

使用侧逆光在午后的强光下拍摄人像，既避免了强光的照射，又可借助丁明亮的环境使模特皮肤显得更加白皙。

📷 85mm F2.8 1/800s ISO125

阴天下的拍摄技巧

　　与多云的天气相比，阴天时的云彩厚度更大，通常是将太阳完全遮挡起来，拍摄出来的画面颜色比较浓郁。由于此时的光线非常柔和，以散射光为主，因此光比较小，甚至很难呈现出拍摄对象的立体感，但对于人像摄影来说，如果使用恰当的曝光拍摄人像或儿童，可以很好地表现出其皮肤的细腻质感。当然在拍摄时，宜增加1挡左右的曝光补偿，增加画面亮度。

在天气阴沉时拍摄人像，摄影师增加了1挡曝光补偿，得到的画面颜色较柔和，人物皮肤十分细腻。

📷 50mm　F5.6　1/500s
ISO100

16.5　室内人像摄影

利用窗户或门框形成框式构图

使用窗户或门框可以在现有的画面中，再次分割出一个更独立、更突出的空间，当人物出现在这个框架中时，会成为更加突出的主体。

利用窗户的框形结构来拍摄人像，人物在窗框中显得特别突出，很容易抓住人的眼球。

📷 50mm F7.1 1/500s ISO100

利用窗户光线拍摄有意境的人像

在室内拍摄时，通常光线不是很理想，这时可以寻找周围有利的光源，例如窗户光就可改善室内光线较暗的情况。拍摄时还可以使画面曝光过度一些，提亮整个画面，使被摄者的皮肤更加白皙，形成一种梦幻的视觉效果画面。

利用窗户光拍摄人像，得到的画面光影丰富，人物神情突出，看上去颇有意境。

📷 200mm F4 1/500s ISO400

16.6 纪实题材的拍摄技巧

长焦镜头抓拍精彩画面

在人文纪实中拍摄一些大型比赛或者舞台演出之类的题材时，一般情况下很难找到很近的地方对主体进行拍摄，特别是一些体育类比赛更是如此，在这种情况下拍摄者就要在器材上面有所准备了。而最重要的就是要有一个长焦镜头，这样无论拍摄者身处离拍摄主体多远的地方也能清晰、准确地表达自己的拍摄意图。

孩子们靠在栏杆上，表情各异，摄影师以长焦镜头拍摄，将他们纯真、自然的神情准确地拍了下来，画面看上去十分精彩。

135mm F9 1/800s ISO100

在拍摄位置上，尽量选择眼前没有过大障碍物的地方，这样会更好地发挥长焦的优势。在长焦的选择上200mm左右是最佳的，拍摄时可以采用大光圈虚化背景来达到突出主体的目的，如果是拍摄人像，采用长焦的好处是既不会打扰拍摄对象又能抓拍到人物最自然的表情、神态，有时可能还会捕捉到某些精彩的瞬间。

客观表现真实性

纪实摄影是对人类社会的真实记录，需要拍摄者以一种公平、公正、负责任的心态去记录世间百态，而不能以个人的情感准则来评判事件，要不夸张、不虚构，始终用镜头说话。

为了能更好地体现事件真实性，拍摄者应留心观察事件的每一个环节，并进行一一记录，特别是一些细微的转折点或突破点，以一种全方位的记录形式来表现事件发生的始末会比单一的几张图片更有信服度。

摄影师以长焦镜头拍摄水面上的女商贩，主体突出，画面表现出极强的真实感。

200mm F13 1/1000s ISO100

体现现场气氛

在对一些大型活动、会议、比赛现场等进行拍摄时，一定要体现出现场气氛，不管是兴奋的还是低沉的，都是很重要的。

如何才能更好地体现现场气氛呢？其实，最关键的是要抓住现场的一些精彩瞬间，这些瞬间一般都会发生在事件的高潮或者结尾。在拍摄时，最好有周围环境及人物之间的关系来衬托，这样效果会更加突出。

大人和孩子们在街道上尽情地表演着，摄影师在拍摄时将周围的观众也拍了进来，其热烈的气氛显得更加浓厚。

200mm　F7.1　1/1000s　ISO400

抓取鲜活的表情

对于纪实摄影来说，想要突出作品的感染力，首先就是要有真实的内容，再就是要有丰富的画面效果。要拍摄出有新意且让人印象深刻的画面有很多方法，但最理想的方法莫过于适时地抓拍人物的表情，抓拍的效果往往是最自然的，因为一张照片最吸引人的地方，往往是那些生动、真实、不做作的表情。

机会是留给有准备的人的，要想拍摄出神形兼备的纪实照片，一定要具备很强的预见性与快速的反应力，在拍摄时要学会静静地等待观察，一旦发现鲜活的人物形态或精彩的瞬间，便要立刻寻找拍摄角度，抓住最具代表性的表情，这样不仅丰富了画面，也传达了现场的气氛。

以老人吸烟的表情为拍摄重点，画面被表现得十分生动、真实。
200mm　F4　1/800s　ISO400

反映地域特色

不同的民族、地域有不同的风俗文化。例如，在藏区可以看到许多与藏教有关的人与景物，而在泰国则能够看到许多与佛教有关的人与景物，在这样极具特色的地方拍摄纪实照片时，要注意选择那些身着特色服装或有意义的景物，以真实地反映当地的风俗地域特色。

在拍摄时，要尽量与被拍摄对象做好前期的沟通工作，一边与被摄对象聊天，一边进行拍摄，这样他们才会以一种真实、自然的状态呈现在镜头前。如果拍摄地点距离被拍摄对象过远，且拍摄的照片并非商用，则无须经过被拍摄对象的许可，直接拍摄即可，有时特别向被拍摄对象寻求许可，会打破被拍摄对象自然的状态，使纪实抓拍成为摆拍，而使照片显得生硬、不真实。

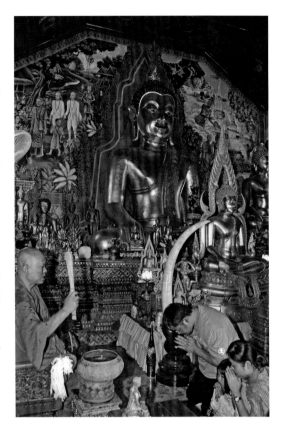

 以写实的手法拍摄寺庙内的佛教活动，画面真实地反映了当地的风俗地域特色。

◻️ 35mm F9 1/800s ISO640

记录身边生活

纪实摄影不一定非要拍摄大题材、大事件，细心关注发生在身边的事情，也是一个不错的选择。虽然这些事情大都是一些琐事，但这样的画面却具有很强的感染力，往往能带给观者一种亲切、温暖的感觉，对拍摄者而言，也是一个很好的锻炼机会。例如，午后温暖的阳光中玩耍的儿童，夕阳下与孙辈亲切交流的老人，早餐摊上忙碌的摊主，咖啡店玻璃后悠闲的丽人……诸如此类的生活场景都能够使人从照片中感受到生活的鲜活与真实。

 摄影师拍摄这张老人与孩子嬉戏的照片，很好地传递出了生活中的美好与真实。

◻️ 200mm F5.6 1/500s ISO100

注入人文关怀

纪实摄影不仅仅是记录事件发生的始末，而是通过对当下一些群体的生活进行真实记录，来为社会传达一种信息，希望人们能产生共鸣，从而转为对他们的关怀，这也是纪实摄影的目的之一。在这方面解海龙的成名作品，希望工程的代表性宣传照片"大眼睛"无疑是成功的典范。

摄影师拍摄这张非洲母亲与孩子的照片，母亲紧绷嘴唇的表情传递出了生活的艰辛与不易。

📷 200mm F4 1/500s ISO400

抓取"决定性瞬间"

伟大摄影师布列松提出"决定性瞬间"这一概念，即明确地提出了摄影的瞬间性这一观点。的确，一个美妙瞬间的捕捉能够真实反映事件发生的状态，并且具有很强的现场感；就画面感而言，拥有"瞬间"的画面极具动感，整个画面气氛活跃、生动，更凸显视觉效果。

有时候，瞬间的捕捉不一定要表现某一个明确的主题，纯粹地通过对人物的一个高潮动作进行巧妙地抓拍，让画面充满强烈的动感与趣味感，看似没有主题，留给观者的却是无尽的遐想。

老人吸烟的神态被摄影师用长焦镜头抓拍了下来，烟雾缭绕的效果使画面显得十分生动、传神。

📷 200mm F4 1/1000s ISO200

16.7 体育题材的拍摄技巧

选好最佳拍摄位置

对体育题材摄影来说，拍摄位置对于拍摄画面的成功与否，起着至关重要的作用。应该选择尽可能靠近运动员、可以避开杂乱背景的位置，还可以选择运动高潮经常出现的位置，如篮球的投篮点、足球的射门点、赛车的弯道处等。

摄影师在足球射门点一旁拍摄的这张照片，运动员抢球的场面被表现得十分精彩。
◉ 400mm F6.3 1/1000s ISO400

使用连拍保持成功率

体育摄影的瞬间性非常强，往往最精彩的瞬间就在数秒甚至不到1s的时间内发生，而且人物的变化幅度也都非常大。为了能够准确地捕捉到这些画面，选择连续对焦模式，并启用高速连拍，可以有效地抓取运动瞬间，避免错过精彩瞬间，从而提高拍摄的成功率。

使用连拍模式拍摄，网球运动员击球的精彩瞬间被十分生动地记录下来。
◉ 360mm F7.1 1/1000s ISO400

16.8 拍好舞台题材6招即够

了解舞台内容以便把握拍摄时机

舞台摄影艺术常受拍摄点、构图、距离、光线等的限制，尤其是在正式演出的现场抓拍，这些限制尤为突出。要解决这个问题，需要了解剧情或舞台内容，以选好拍摄点。对于戏剧类的舞台形式，最好了解这是一出文戏还是武戏，旦角儿为主还是武生为主，是传统戏还是现代戏，这对拍摄很重要，不然在拍摄的时候会抓不住重点，无法突出画面的主题。

深色的背景点缀着美轮美奂的灯光，身穿鲜亮黄色衣服的舞者在画面中成为亮点。

📷 300mm F7.1 1/800s ISO800

确定最佳拍摄位置

要拍摄漂亮的舞台照片，拍摄位置很关键，不同的位置拍摄出来的照片可能相差很多。对于舞蹈类舞台演出，由于很多台上演员的功夫都在脚上，所以在拍摄舞台照片时，机位要稍微高于舞台，通常需要选择较高的位置才能把演员拍完整。一般来说，楼下座位的最后一排是最好的。在台下第一排座位拍摄，能很好地表现舞蹈或京剧武打跳跃动作的高度，还可使体型修长、挺拔，画面也显得简洁。

在表演者前方拍摄的画面，演出者与歌迷打招呼的精彩瞬间被表现得十分生动、传神。

📷 200mm F6.3 1/800s ISO400

确认是否可以拍摄

不是所有舞台表演都允许拍摄，以北京为例，国家大剧院和保利剧院是不能带相机进去的，其他场地则要视演出而定。一些比较严肃的演出，比如古典音乐，是肯定不能拍摄的。

原则上剧院内的演出大都不允许拍摄，但是室外的大型演出通常没有问题，例如北京一年几百场演唱会，其中有一部分是在室外的工人体育馆举行，这样的演出如果没有特别说明，通常可以拍照。

⬆ 有些小型的歌迷演唱会是可以拍摄的，拍摄时为了不让闪光灯给演员造成影响，特提高了一定的感光度。

📷 200mm F4 1/800s ISO400

根据舞台的形式选择适用的镜头

拍摄舞台照片，既需要有演员的近景，也需要有舞台的整体，因此，首先应该有一只素质很高的变焦镜头，以通过改变焦距来改变景别，常用的镜头是24-70mm 和70-200mm。通常前者可用来表现全景，而后者则可表现演员全身，如果想要拍特写画面，还可以使用增距镜。

如果拍摄的场地和舞台面积都很大，根据要拍摄的景别，可以考虑从以下7只常用镜头中选择：12-24mm、鱼眼、50mm、85mm、24-70mm、70-200mm、100-400mm。

如果演出的场景较小，可以只携带4只镜头，以中焦及短焦镜头为主。

➡ 服装表演的观众不会很多，可以在舞台边上拍摄，选择一只85mm镜头就能将模特的全身都拍摄下来。

📷 85mm F6.3 1/800s ISO800

设置恰当的感光度以平衡画质

大多数舞台表演的照度是较低的，因此在拍摄时可将感光度适当提高一些，在用像Nikon D7000这样的高端相机拍摄时，可以使用ISO1600 甚至更高一点的感光度，同样能够得到相对细腻的画面效果。在使用普通相机拍摄时，要注意开启"高ISO 感光度降噪"功能。

现场的灯光较多，为了不影响画质，设置合适的感光度就可以，不必太高。

📷 160mm F6.3 1/800s ISO800

设置合适的白平衡以获得不失现场气氛的色彩

舞台演出现场的光线通常很复杂，因此通常不用自动白平衡，因为自动白平衡很难准确还原舞台的真实色彩。应该根据现场光的色温定义白平衡或自定义白平衡，以国家大剧院为例，其舞台的色温会随着时间逐渐变化，因此面对这样的舞台，就要在拍摄中多尝试。

通过设置相应的白平衡来拍摄演出现场，现场气氛得到了准确还原，看上去十分有激情。

📷 24mm F9 1/800s ISO400

16.9 儿童摄影

平视拍摄儿童

由于儿童的高度较成人低很多，因此如果不刻意俯下身体，所得到的照片就是俯视视角照片，这种照片中的儿童往往会产生一定的透视变形，显得更矮小。如果要在照片中获得视觉上更熟悉的儿童人像效果，应该采取平视的角度，即相机所处的视平线与被拍摄儿童在同一水平线上，因此拍摄者应该以蹲姿或趴姿进行拍摄。

⬆ 在拍摄儿童时，平视角度应该是摄影师最常用的一个角度，但同时摄影师也会很辛苦，因为摄影师需要在地上"摸爬滚打"地寻找各种平视的角度，且还要保持相机的稳定，不过看到记录下一个个精彩、自然的瞬间时，再多的辛苦也值了。

📷 200mm F4 1/500s ISO100

⬆ 平视角度拍摄女孩儿，女孩子的神情被表现得十分自然，看上去很亲切。

📷 85mm F3.2 1/500s ISO100

俯视拍摄儿童

如同拍摄成人照片一样，俯视拍摄通常会让观者对被摄对象产生一种关爱、怜惜之感。拍摄儿童时，摄影师以正常站姿就可获得俯视视角。俯视时，人物的身体比例会产生压缩变形，利用这种夸张的效果能更好地突出表现儿童纯真的表情。

俯视角度拍摄，小女孩仰望的神情显得格外纯真且神韵十足。

📷 85mm F4 1/800s ISO100

在柔光下表现孩子细腻的皮肤

在阴影处或阴天等环境下，以柔光拍摄儿童是较为保险的选择，原因就在于此时的光比很小，不容易出现局部曝光过度或不足的问题，适当增加曝光补偿后，就能够得到较为白皙的皮肤效果，很适合表现儿童细腻的皮肤。

摄影师用柔光光线拍摄孩子，其皮肤细腻、光滑、柔嫩的质感被表现得十分突出。

📷 200mm F5.6 1/500s ISO200

选择明亮的光线

拍摄儿童时，要注意光线的选择，由于孩子的肤质都非常柔嫩，所以在选择光线的时候要注意将儿童柔嫩的肤质表现出来。相对于其他光线来说，顺光的使用可以将儿童的肤质拍摄得自然细腻，但是拍摄儿童最好的光线是柔和的散射光。由于儿童总是给人天真烂漫、纯真活泼的感觉，所以在光线的选用上，以明亮的散射光为主，这样拍摄出来的照片既能够表现儿童自然柔嫩的肤质，又能让照片显得明朗，符合儿童的特质。

摄影师用明亮的散射光线拍摄小女孩，小女孩的皮肤被表现得十分细腻、柔嫩，很符合儿童的特质。

📷 50mm F2.8 1/500s ISO400

让孩子放轻松：利用家长引导儿童

拍摄儿童照片时，还可以将家长一起拍摄进画面中。这是因为当儿童和家长在一起的时候，儿童会显得非常自然和幸福，被父母逗一下就会开怀大笑，这样的照片看起来会非常温馨。

拍摄儿童和父母在一起的照片，父母作为陪体的角色出现，其形象不一定要全部展露出来。只要能够展现儿童和家长之间的情感交流，在画面中父母的形象可以只是虚化的背景，也可以只露出一部分肢体，这样孩子作为画面主体的形象就比较突出。

当孩子与家长在一起时，她们可以无所顾忌地做出任何想做的表情，这也就决定了摄影师所拍下的无疑是最和谐、最温馨的照片。

📷 200mm F4 1/800s ISO100

用声音吸引他们的注意力

进行儿童摄影时，年幼的孩子一般是不会听从摄影师的教导的，他们大都喜欢随心所欲地玩耍，要得到想要的画面还需要下点心思才行。例如，为了吸引孩子的注意力，可以出其不意地呼唤孩子，或者用其他的声音来吸引孩子，但声音不可太大或太过突然，以防吓坏孩子。

摄影师利用声音吸引了孩子的注意力，其聚精会神的样子使画面表现得十分生动、传神。

📷 135mm F6.3 1/500s ISO100

用玩具活跃气氛

孩子们顽皮的心性导致他们的注意力很容易分散，这对于摄影师来说，也是一种考验，所以需要花费很多的时间来吸引孩子的注意力。可以利用玩具诱导儿童，也可以让他进入玩具堆中自己玩耍，这时摄影师通过抓拍的方法，采用合理的光线、角度等对其进行拍摄，可以得到不错的画面效果。

在给孩子进行拍照时，不妨给他一个玩具，因为在玩耍过程中会更容易拍到趣味性强的作品，从而使画面显得更加生动、活跃。

📷 200mm F4 1/2000s ISO100

室外拍摄儿童以情节取胜

在室外平光条件下拍摄儿童，不用对光线有太多的要求，而是以情取胜、以情动人。

在室外拍摄儿童时，环境选择余地大，光线复杂多样，儿童表情也比较丰富，此时可以着重表现儿童的情趣，善于去发现、捕捉儿童有趣的瞬间，这些都是在户外条件下进行拍摄的好题材。

小孩子在吃西瓜时表现出了非常丰富、可爱的动作，摄影师利用组图将这些自然画面记录下来，画面显得十分有故事性。

第17章

——————

花卉

17.1 运用散点式构图拍摄花卉

散点式构图是指将多个点有规律地呈现在画面中的一种构图手法，其主要特点是"形散而神不散"，特别适合于拍摄大面积花卉。另外，在拍摄鸟群、羊群等类型的题材时也比较常用。

采用这种构图手法拍摄时，要注意花丛的面积不要太大，分布在花丛中的花朵必须很突出，即花朵要在颜色、明暗等方面与环境形成鲜明对比，否则没有星罗棋布的感觉，要突出的花朵也无法在花丛中突出出来。

⬆ 散布的花朵横穿整个画面，虚化的绿色背景使花儿显得生机盎然，且看起来疏密有致、清新、充满活力。

📷 70mm F5.6 1/60s ISO250

17.2 运用特写构图拍摄花卉

使用微距镜头拍摄时，较多表现的是花卉的一些很微妙的、极具特色的细节特征，换句话说就是特写拍摄。

运用特写构图拍摄花卉，呈现给观者的是一个平常肉眼所观看不到的微观世界。与正常肉眼观看视角相比，特写拍摄视觉效果更新颖、奇特，也更精彩，能够化平凡为非凡，将人们平日所见的寻常花卉变成让人惊叹不已的精美图像。

使用特写构图拍摄荷花，荷花的细节在虚化背景衬托之下显得更加精致、美妙。

📷 200mm F6.3 1/250s ISO400

17.3　仰视角度使画面背景更纯净

　　采用低机位仰拍花卉，可以将花卉拍摄出高大的效果，而且可以使画面避开杂乱的背景，获得干净的背景。

　　要仰拍花卉，就要有弄脏衣服和手的心理准备，因为许多花朵的位置非常低，为了取得足够好的拍摄角度，可能要将相机放得很低，而眼睛还要通过相机的取景器来取景。

　　如果使用的相机有翻转液晶显示屏，则可以通过不同角度的翻转屏，显示要拍摄的对象，避免趴在地上进行拍摄的尴尬。

　　仰视拍摄还有一个优点是这样拍摄出来的画面不仅简洁、干净，而且看起来比较明亮，天空纯净的蓝色与花卉鲜艳的色彩形成对比，能加强画面的清新感觉。

　以仰视的角度拍摄花卉，这样的视角极为独特，画面背景纯净，花朵主体高大，更具有吸引力。
　　17mm F6.3 1/100s ISO100

17.4 用不同的背景衬托花卉

对于花卉背景而言，一般都是单色背景的效果最好。最常用的是白色背景和黑色背景，这两种背景的花卉照片具有极佳的视觉效果，既能突出花卉优美的外形，又能为画面营造出一种特殊的氛围。

使用大光圈进行拍摄，盛开的花朵衬在明亮的背景上，画面显得简洁而又高雅。

200mm F5 1/500s ISO100

要获取黑色或白色的背景，只要在花朵背后放一块黑色或白色的卡纸或背景布就可以了。如果手中的反光板就有黑面和白面，也可以直接放在花卉的后面使用。

放置时要注意背景布和花朵之间的距离，将背景布安排在远离花卉一点的位置，所获取的纯色背景看起来会更自然。

另一种获取黑色背景的方法是选择非常阴暗的环境，使用点测光对准花朵最亮的地方进行测光、拍摄，这样拍出来的画面花朵很明亮，而背景却是"全黑"的效果，同样能够有效地突出花卉的轮廓和质感。

使用纯黑背景来拍摄红色花朵，花朵显得更加醒目且神秘。

200mm F5 1/400s ISO400

用大光圈虚化效果得到漂亮背景

如果无法以天空为背景来拍摄花卉，也没有使用白色或黑色背景的条件，还可以通过使用大光圈将背景进行虚化的手法获得漂亮的背景。

这种方法既可以突出表现花丛中的个别漂亮花卉，也可以表现若干平排在一个水平面上的花卉。

大光圈拍摄，绿色的背景十分朦胧，黄色的向日葵花在此等浅景深里显得非常突出。

📷 200mm F5 1/400s ISO100

花卉与背景的色彩搭配

背景的色彩在色相、明度和饱和度三方面，最好与花朵颜色形成对比和反差，这样才能更加突出表现花卉主体。

因此，绿叶是最常见的拍摄背景，因为绿叶的颜色能与花卉的红色、粉色或白色、紫色形成鲜明的色相对比，更能突出主体的颜色。

使用微距镜头拍摄，可以让景深变得非常浅，大面积的绿叶被虚化，和颜色比较鲜艳的花卉形成非常明显的对比，从而突出花卉的色彩。

这幅作品是利用绿色与红色的相互关系，使红色的荷花显得更加光彩夺目。

📷 200mm F6.3 1/200s ISO100

17.5 逆光表现花卉的透亮与纹理

如果花瓣的质地较薄，在选择逆光拍摄时，利用点测光对其受光部分进行测光后会使其呈现出透明或半透明的状态，从而更加细腻地表现出花朵的质感、层次和花瓣的纹理。在运用这种角度的自然光时，要特别注意对花卉进行补光以及选用较暗的背景进行衬托，这样才能更加突出地表现花卉的形象。

拍摄的时间，可选在空气通透的早晨，那时太阳处于天空较低的位置，选择背光的角度进行拍摄，可使花朵看起来明亮、生动，尤其是当阳光穿过那些红色或橙黄色的透明花瓣时，会反射出亮光。

如果是选在太阳全部落山后，色温极高的天空光则可成为照明的主要光源，这个时间段拍摄的花朵完全笼罩在蓝色之中，神秘而又不失对色彩的表现。

选择外形时易寻找形态粗大、枝叶结构简单的孤立的个体。表现外型高大、轮廓鲜明的花卉，应在拍摄时直接对天空进行测光，这样能够消除画面中所有色彩和组织结构等细节，并得到金黄色的轮廓光（如丝兰花、巨型仙人掌）。

以逆光光线拍摄花朵，花瓣呈半透明状，其纹理细节被很好地表现出来。

280mm F4.5 1/320s ISO640

17.6 巧妙借助昆虫的点缀

　　大清早，扛着我们的全副武装，准备要拍摄那些娇艳动人的花朵时，不禁会发现，花丛中有无数飞来飞去的小昆虫，有蝴蝶、蜜蜂、金龟子，还有好多说不出名字的昆虫。这些色彩斑斓的、可爱的小虫子，不但不会影响拍摄花朵的效果，还会使拍摄到的画面更加鲜活动人！

　　拍摄昆虫出镜的照片有一个选择，就是想要表达的主体是昆虫还是花朵。如果主体是花朵，昆虫最好不要在画面中占太显眼的位置，昆虫的色彩也不能过于艳丽，否则会造成喧宾夺主、干扰主体的表现效果；相反，如果主体是昆虫，则应让花朵作背景，不能抢昆虫的镜头。

　　在拍摄时，由于昆虫经常处于不停地飞动或爬行中，应当耐心等待，等获得合适的角度和位置后再按下相机的快门。

使用长焦镜头拍摄花朵时，一只蜜蜂闯了进来，以大光圈将背景虚化，画面被表现得十分鲜活、动人。

📷 200mm F6.3 1/1000s ISO400

17.7 巧妙借用水滴的衬托

　　带着水珠的花朵更加给人娇鲜欲滴的感觉，如果无法在雨后或清晨拍摄到有雨滴或露珠的花朵，则可以用小喷壶对着鲜花喷几下水，人工制造水珠。

　　拍摄带水珠的花朵时背景应该稍暗一点，这样拍摄出的水滴才显得更加晶莹剔透。拍摄之前要变换不同的角度来观察水珠的光影效果，找到带有反光、透明清澈的水珠角度，或者通过反光板人为地为水滴制造反光效果。由于拍摄的距离较近，因此建议使用微距镜头进行拍摄，在测光与对焦方面应该以花朵上的水滴为主。

以特写构图拍摄带有水滴的花朵，明净、饱满的水珠把花朵衬托得更加娇艳、迷人，要拍摄如此微小的水滴，需使用尼康的专业微距镜头AF-S 105mm F2.8 G IF ED VR。

180mm　F4　1/800s　ISO100

第18章

建筑与夜景

Every View a Masterpiece

18.1 建筑摄影

利用斜线构图拍摄建筑

建筑摄影中的斜线构图就是指在一幅建筑摄影作品中，选择一条或者多条斜线作为引导线，为进入画面提供一种方法。所以，斜线构图是一种把视线指向主体的既简单又容易的途径。

斜线构图会使被摄景物产生从一端向另一端扩展或收缩的感觉，使画面富有动感。如果在画面中使用重复的多条斜线，这些线条就会使画面产生强烈的不稳定感。

使用斜线构图拍摄建筑，建筑物看起来十分高大，而倾斜的姿态又让画面充满了不稳定感。
17mm F16 1/800s ISO100

利用对角线构图拍摄建筑

正常水平或竖直构图拍摄建筑，有时候会显得太过平稳而使画面变得平淡无趣，这时候可以稍微倾斜一下你的相机，在对建筑的结构和外观进行仔细观察之后，合理安排画面构图，形成独特的对角线构图，使建筑给人视觉上的动感。

使用对角线构图拍摄桥梁，在蓝天、绿水的衬托下，画面看起来十分独特且充满了动感。
14mm F11 1/800s ISO100

利用曲线构图拍摄建筑

在建筑摄影中，有一种最为普通而优美的线条构图方法——曲线构图。很多建筑都有非常优美的线条，但是这些线条有时会在杂乱的背景下显得很不清楚，容易被拍摄者忽略。所以，在拍摄建筑的时候要细心观察，寻找到这些美丽的曲线，以便展现建筑优美的外形。

另外，要想使用S形构图展现建筑的美感，还可以改变照相机的视角，从上往下拍摄，这样不仅能够成功地形成S形构图，还可以使画面更加简洁。

以曲线构图拍摄旋转的楼梯，画面看起来有种流动的美感，十分耐看。

20mm F13 1/200s ISO400

利用对称式构图拍摄建筑

对称式构图在建筑摄影中运用得非常频繁。大多数建筑物在建造之初，就充分地考虑了左右对称，因为对称的建筑能使它更加平衡和稳定，而且在视觉上也给人一种整齐的感觉。如中国传统的宫殿建筑、民居，大多数都是对称式的。

在构图时，要注意在画面中安排左右对称的元素。对称式构图拍摄的建筑整齐、庄重、平衡、稳定，可以烘托建筑物的恢宏气势，尤其适合表现建筑物横向的规模。但也有的摄影师在拍摄时，会有意去避免完全对称的画面，而在一侧适当地安排前景或其他元素，以避免画面过于呆板。

⬆ 使用左右对称式构图拍摄古代建筑，建筑物的稳定、平衡感被很好地表现出来。
📷 20mm F13 1/800s ISO100

还有另一种特殊的对称构图，即不是表现建筑物本身的对称，而是选择在有水面的地方拍摄建筑，水上的建筑和水下的倒影形成了一组对称。如果此时湖面正好有波澜，则水上的实景和水下随风飘动的倒影会形成鲜明的对比效果。

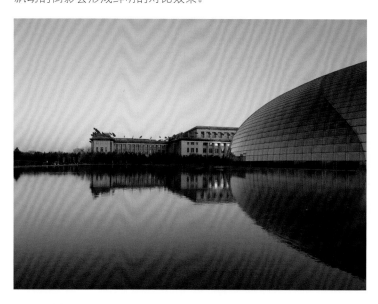

拍摄对称式的建筑物，要注意取景时画面的水平位置是否正确，倾斜的水平线会影响拍摄的效果。近年有不少中高端数码单反相机都具有内置电子水平仪功能，在拍摄时不妨尝试使用。如Nikon D300s和Canon EOS-7D都具备这种功能。

⬅ 使用上下对称式构图拍摄建筑，水面中的倒影与实物交相呼应，画面的对称美感十分突出。
📷 17mm F13 1/400s ISO100

利用框式构图拍摄建筑

　　用框式构图拍摄建筑的优点在于，这种构图使观赏者感觉更加自然，用来做"框"的元素也可以多种多样，随手就可以拿来加以利用，比如门框、前景的建筑等。使用框式构图可以使观赏者的视线聚集在主体上，从而使主体更加突出，画面更具有吸引力。

以框式构图拍摄建筑，主体建筑变得十分突出，引人注目。

[📷] 20mm F13 1/400s ISO400

利用前景加强空间感和透视感

　　拍摄建筑时，可以通过前景与主体建筑之间的形体大小对比和色调深浅对比，以调动人们的视觉去感受画面的空间距离，增加画面的透视感，还可以给原本平淡的题材注入新活力，拍出令人耳目一新的好照片。

　　当前景与主体建筑所占画面面积相差较大时，根据近大远小的原理，观众就会对画面空间的感受更深刻，画面的纵深感就越强。

在拍摄建筑时，摄影师将建筑物前面的水渠纳入镜头，画面的空间感因此得到很好地延伸。

[📷] 17mm F11 1/800s ISO100

俯视拍摄建筑

在拍摄大规模的建筑群或城市全景时，必须使用俯视的角度。为了能将所有建筑物纳入镜头，应寻找到一个足够高的拍摄地点，如高楼的楼顶等。为了增强画面的纵深感，可以适当地选择前景。

 这幅作品是摄影师采用俯视角度完成的，很好地表现了建筑物的全貌，画面的空间感也显得比较深远。

📷 24mm F13 1/800s ISO100

平视拍摄建筑

建筑的高大使人们习惯于以仰视的角度来进行观察。如果在拍摄时寻找一个特殊的视点（如平视角度）来表现建筑，可以得到与人们平常的视觉习惯不大相同的画面效果。采用平视角度表现建筑时一定要注意相机的端正，不能左右倾斜，要使建筑在画面中保持垂直，这样才能给观者以平衡的稳定感。

在选取拍摄角度的同时，还要灵活地运用建筑周边的景物（如花草、树木、建筑的框架等）作为前景，这样往往能够拍摄出令观者眼前一亮的好照片，也能使画面获得新的活力。

平视角度拍摄室外建筑，建筑物被表现得平稳、端正，给人以十分自然的感觉。

📷 20mm F10 1/400s ISO100

仰视拍摄建筑

对于高大的建筑，常常采用向斜上方的仰角拍摄，这样可以利用镜头的透视性为建筑带来塔式变形，以强化、夸大建筑高耸的特征，营造出建筑雄伟的气势。同时，仰角拍摄还可以利用天空作为背景，使画面更加简洁，并可以增加一些色彩元素。对于大多数玻璃幕墙结构的建筑，云彩反射在玻璃上，可以使照片效果更漂亮。

在拍摄时要注意拍摄位置不要距离建筑过近，否则会导致仰拍的角度过大，使建筑在画面中产生较大的畸变，这种畸变有时不利于对建筑形态的表达。因此，在拍摄时要选择合适的角度，一方面可以突出建筑的高大，一方面又不至于使过大的变形影响建筑形态和造型特征的表现。

拍摄建筑一般都采用斜侧角度，这样既能够突出建筑的正面特征，又能够适当兼顾建筑的侧面，使建筑具有纵深感，并加强了建筑的立体感。

在某些情况下，拍摄者不得不在紧挨着建筑的位置进行拍摄。这个角度会使建筑产生极其强烈的畸变，但也不是完全没有可能获得一幅好的建筑照片。这时可以采用广角镜头尽量扩大视角，并且将相机仰视到接近直角的角度，使拍摄到的画面具有线条急速向上汇聚的强烈视觉效果，形成"天井式"的构图。

摄影师用仰视角度来拍摄建筑，建筑物显得更加高大，有种高耸入云的感觉。

24mm F11 1/800s ISO200

依据建筑特点选择角度

每一座建筑都有它自己独有的特征，这是它们存在的意义。因此，在拍摄建筑时一定要根据它所具有的特点来选取合适的角度。进行各式各样的拍摄尝试，从建筑内部结构或外观等多方位、多角度拍摄才能突出建筑的特点。

⬆ 在同一地点拍摄同一建筑物，摄影师采用不同的角度，建筑物展现出了完全不同的视觉效果。

用侧光突出立体感

　　较好的拍摄时间一般在上午十点到下午三四点之间。如果光线与建筑的角度呈45°，光影效果会十分理想。

　　侧光对强调建筑的形态大有帮助。拍摄的建筑特征明显、色彩鲜艳，在正午明媚的阳光下进行拍摄可以突出建筑的色彩。一个好的拍摄位置，可以表现出建筑或其内部的立体线条和形状，利用周围元素突出建筑的场景感和空间感。

 使用侧光拍摄建筑，建筑物在蓝天的映衬下，其立体感和空间感被表现得十分突出。

📷 100mm　F9　1/500s　ISO100

用逆光塑造建筑的形体美

逆光对于表现轮廓分明的大厦非常有效。有时拍摄环境比较杂乱而又无法避开，在这种情况下，拍摄者可以将拍摄的时间选择在傍晚或晚上，用夜景拍摄的手法来美化所要表现的目标。

在太阳落山、夜幕将至、华灯初上的时候，可以拍摄出极其壮美的建筑画面。这时可以不受天气条件的限制，就算有轻微的薄雾，拍摄者也依然可以成功地进行拍摄。当大片的深色调、星星点点的色彩与光亮彼此呼应时，会削弱观者对投影和明暗变化的关注。

⬆ 夕阳西下，金灿灿的光线尚未褪尽，摄影师对准天空亮处曝光，建筑物的外轮廓被十分清晰地表现出来，看起来十分美丽。

📷 200mm F6.3 1/2s ISO400

18.2 夜景摄影

璀璨的灯海

当夜幕低沉，城市就展现出另一番风貌——由霓虹灯、路灯与高楼大厦中家家户户的灯光所组成的灯海。

如果要拍摄从窗口看到的灯光明亮的内景细节，可以先测一下窗内的照明亮度，并照此曝光量调试相机。直到测光表显示出天空的F值读数比窗内亮度读数小1挡时，按内景的亮度读数开始拍摄。

如果不想表现景物的细节，可以等到日落后测外景光，然后按测光读数开始拍摄，之后分别降1挡拍、降2挡拍、降3挡拍。20min后照此程序再拍摄一遍，最后在影调逐级加深的照片中挑选出看起来情调怡人的月夜外景照片。

当天黑到足够可以显示出灯光的时候，利用点测光模式

以小光圈和低速快门拍摄夜景，画面空间开阔，城市的灯海被表现得十分璀璨、迷人。

📷 20mm　F16　10s　ISO400

按照在窗户处曝光所获得的曝光值进行拍摄。由于光比极大，零散的灯光在画面中形成星罗棋布的排列，建筑外墙面的细节几乎被淹没，画面中呈现出难以言喻的形式美感。

琳琅满目的商场广告

夜间，商场的橱窗会展现出各式各样的广告图案，与霓虹灯、建筑房间里散发出的光芒交相辉映，令人目不暇接。此时，我们只要寻找一个合适的拍摄角度与位置，架上三脚架，就可随心所欲地进行拍摄了。拍摄时要注意对其琳琅满目的色彩进行合理的布局与安排，太过多彩有时也会适得其反。

夜间的街道上灯火通明，橱窗上的广告牌闪着光芒，摄影师将相机放在三脚架上进行拍摄，霓虹灯广告被很好地表现出来。

📷 17mm　F9　1/8s　ISO400

车水马龙

在城市的夜晚，灯光是主要光源，各式各样的灯光可以顷刻间将城市变得绚烂多彩。疾驰而过的汽车所留下的尾灯痕迹，显示出了都市的节奏和活力。根据不同的快门速度，可以将车灯表现出不同的效果。

长达几秒甚至几十秒的曝光时间，能够使流动的车灯形成一条长长的轨迹。稳定的三脚架是夜景拍摄重要的附件之一。为了防止按动快门时的抖动，可以使用两秒自拍或者快门线来触发快门。

拍摄地点除了在地面上外，还可找寻找如天桥、高楼等地方以高角度进行拍摄。天桥虽然是一个很好的拍摄地点，但是拍摄过程经常会受到车流和行人所引起的震动的影响。如果所使用的三脚架不够结实，可以在支架中心坠一些重的东西（如石头或沙袋等），在三脚架的支脚处压些石头或用帐蓬钉固定支脚。在摄影包里装一些橡皮筋，在曝光过程中将相机背带、快门线绑到三脚架上，以免它们飘荡在空中，发生遮挡镜头的情况。

光圈的变换使用也是夜景摄影中常用的技法。大光圈可以使景深变小，使画面显得紧凑，并产生朦胧的效果，用以增强环境的气氛；小光圈可以使灯光星光化。

➡ 使用低速快门拍摄城市大道中的车流，车灯在路面上形成了很多白色的线条，十分具有形式美。同时，通往远方的线条，也大大地提升了画面的纵深感。

📷 24mm F6.3 10s ISO400

蓝调天空夜景

为了捕捉到典型的夜景气氛，不一定要等到天空完全黑下来才去拍摄，因为照相机对夜色的辨识能力比不上人的眼睛。在太阳已经落山时，夜幕正在降临，路灯也已经开始点亮了，此时是拍摄夜景的最佳时机。城市的建筑物在路灯等其他人造光线的照射下，显得非常美丽。而此时有意识地让相机曝光不足，能产生非常漂亮的呈蓝调色彩的夜景。

不过，要拍深蓝色调的夜空和天气也有关系。最好能选择一个雨过天晴的夜晚，天空的能见度好、透明度高，在天将黑未黑的时候拍摄会十分理想，天空中会出现醉人的蓝调色彩。在拍摄蓝调夜景之前，应提前到达拍摄地点，做好一切准备工作后，慢慢等待最佳拍摄时机的到来。

进入夜幕，天空化为蓝色，此时结合城市中的灯光来拍摄，画面中色彩对比强烈，蓝调的夜景也更加迷人。

24mm F13 1/5s ISO400

如梦如幻的光斑

利用超大光圈将对焦点设置在画面之外，使凌乱的景物都幻化为大大小小的圆形光点，五彩缤纷的色彩成为画面的主角刺激着观者的视觉细胞，给画面带来了活跃、跳动之感，如梦如幻。

用超大光圈将夜色中的景物变为五彩缤纷的光斑，这些光斑使画面如在跳动一样，梦幻又迷人。

200mm F2 1s ISO400

烟花灿烂的夜景

拍摄时，应该选择背景不错的拍摄地点，一定要事先对好焦点后再利用手动模式进行拍摄，否则可能会在拍摄过程中出现对焦不准的情况。拍摄之前应该把相机设置为适合拍摄焰火的模式。拍摄焰火时一般使用bulb模式，光圈值设置为F5.6～F11。设置完成后，把相机安装到三脚架上，试拍几张照片看看效果。由于拍摄焰火的时候常常是深夜，所以相机的自动对焦功能可能起不到应有的作用。由于拍摄过程中没有必要变换焦点，所以最好先固定焦点再进行连续拍摄，并将降噪功能设置为OFF，白平衡的设置与夜景摄影相同，设置为白炽灯模式。

如果希望在一幅照片中拍下各种焰火效果，可以使用多种曝光的拍摄手法，即在B门曝光下按下快门，在拍摄一朵烟火后，使用黑布遮挡住镜头，待下一朵烟花升起后，移开黑布2～4s，按此方法操作多次后，就能够在一个画面中合成多个烟花效果，注意在一个画面中合成的烟花数值是有限的，因为移开黑布后总的曝光时间不能超出画面合理的曝光时长。

要注意的是，按下B门后要利用快门线锁住快门，拍摄完毕后再释放，要使用三脚架确保照相机的稳定性。

摄影师选好拍摄位置后，等到水面上升起的烟花绽放时按下快门，烟花被表现得十分精彩。

17mm F6.3 10s ISO400

神奇的星轨夜景

在灯火通明的城市中很少能够看到满天星辰，因为地面的灯光过于强烈，如果要拍摄星轨，最好在晴朗的夜晚前往郊外或乡村，因此要拍摄出漂亮的星轨，首要条件就是选择合适的拍摄地点。

接下来需要选择拍摄方位，如果将镜头对准北极星，则可以拍摄出所有星星都围绕着北极星旋转的环形画面，在这个方向上曝光1h（小时），画面上的星轨弧度为15°，2h为30°。对准其他方位拍摄的星轨都呈现为弧形。

在镜头选择方面，应该选择35～50mm焦距的镜头，焦距太广虽然能够拍摄更大的场景，但星轨会过细，如果焦距过长，视野则会过窄。拍摄时将光圈设置到F5.6～F8的小光圈，以保证得到较清晰的星光轨迹。

为了较自由地控制曝光时间，拍摄时多选用B门进行拍摄，而配合使用带有B门快门释放锁的快门线则让拍摄变得更加轻松且准确。由于拍摄星轨需要长时间曝光，曝光要从30min～2h不等，因此如果气温较低，相机应该有充足的电量，因为在温度较低的环境下拍摄，相机的电量下降相当快。而且长时间曝光时，相机的稳定性是第一位的，因此稳固的三脚架是必备的。

在构图方面为了避免画面过于单调，可以将地面的景物与星星同时摄入，使作品更生动活泼，如果地面的景物没有光照，可以采用使用闪光灯人工补光的操作方法。

把相机固定在三脚架上，使用B门拍摄到的这张星轨照片清晰度和曝光度都很好，十分漂亮，画面中前景的使用，也使得图片更加完美。

35mm F7.1 3768s ISO1000

摇曳多姿的倒影

水对于夜景拍摄，有时也会起到一定的作用。水的反光和倒影使岸上或周围的灯光增加了亮度，衬托出景物的轮廓，为画面增添了生气。

在进行夜景拍摄时，掌握特点、选择角度与利用自然条件这三者是密切联系的，都必须服从主题的要求，不要孤立地去进行。其中，选择角度必须根据被摄对象的特点和现场的自然环境而定，同时要注意相机的位置。在一般情况下，晴天晚间的天空是西边亮、东边黑。由东向西望去，水是一片白色的，水的反光和天空的光亮没有多大区别；由西向东望去，水的反射能力很弱，呈灰暗色。在傍晚拍摄夜景时，镜头由东向西进行拍摄的效果较好；而在黎明则采用相反方向进行拍摄的效果较好；如果是雨天或阴天，可不必考虑这些问题。

绚丽的灯光在湖水的映衬下，会呈现出不同颜色的线条。这时拍摄者一般会在对岸进行拍摄。由于要表现倒影，构图上需要预留出水面的空间。当水面有微风吹过时，根据曝光控制，对湖面的质感和色彩进行富有变化的表现。

⬆ 蓝紫色的天空下是星光闪闪的灯火，水面中则倒影下夜晚城市璀璨的颜色，摄影师使用小光圈和低速快门把城市的夜表现得异常迷人。

📷 200mm F6.3 8s ISO400

第19章

宠物、鸟类、野生动物

19.1 宠物摄影

室外光线表现小宠物

在室外进行拍摄，无论什么时段的光线，拍摄者的目的始终是让宠物们四处玩耍，然后在它们比较放松的状态下进行拍摄。过多地摆布光线，只会将精力从宠物的表情和姿态上分散开来。

 在绿幽幽的草地上，小猫自在地走动着，摄影师使用自然光将小猫和周边环境一起拍摄下来，画面看起来自然、真实。

▣ 200mm F8 1/800s ISO200

拍摄宠物的黄金时间是清晨和黄昏。那时太阳的高度接近地平线，光线较柔和、温暖。尤其是在傍晚时分，金黄色的光线使宠物显得更加美丽。如果这时宠物毛上的反射光仍然强烈，可以尝试使用偏振镜来消除反射光，同时也能使宠物的毛色变得更深，看上去很好看。

 小猫站在绿幽幽的草地上专注地向一侧望去，此时摄影师恰好以逆光光线对其拍摄，小猫的毛发边缘显出了十分漂亮的轮廓光。

▣ 200mm F5 1/800s ISO400

在拍摄宠物时，要多采用45°侧光。45°侧光能够产生良好的光影作用（如均衡等），表现出宠物形态中丰富的影调，体现出一种生动的立体效果。这种光线多出现在上午八九点钟和下午三四点钟，被许多拍摄者认为是最佳光线。

 在上午使用侧光光线拍摄小猫，草地上的小猫被表现得十分有立体感，画面影调也较丰富。

▣ 200mm F5.6 1/800s ISO100

表现宠物间的交流

就好像人类彼此间拥有互动交流一样，动物间也有着它们不同的相处方式。当两只或者更多只动物聚集在一起时，就会出现很多有趣味的瞬间，例如它们有意或无意识的动态、外貌上的视觉差异等都可以成为摄影师的拍摄题材。

在户外用自然光拍摄正在以嬉戏方式交流的动物，画面给人的感觉更加自然、生动。
180mm F8 1/800s ISO100

利用道具增加画面美感

在拍摄宠物时，可以利用一些装饰性的道具来增添画面的美感，例如花朵、小帽子等。这些物件既可以引起宠物的兴趣，也能够有效地限制它们的活动范围，更有助于摄影师捕捉到最为感人的一刻。

在拍摄小猫时，将红色的花朵作为道具一并拍摄下来，画面增加趣味性的同时也增加了一定的美感。
200mm F6.3 1/800s ISO400

利用道具吸引宠物的注意力

　　动物本身是极为爱动的，如果想让它们集中精神来完成拍摄，以得到理想的画面效果，事实上并不是件容易的事。大部分情况下它们是很不听话的，特别是在有镜头对准它们的时候，此时，根据它们的特性来选择合适的道具可能是吸引其注意力的最好办法，正所谓"投其所好"，这样拍摄就容易多了。

　　以小球作为玩具来让小猫玩耍的时候，很容易吸引小猫的注意力，此时拍摄，画面表现出来的趣味性会特别强。

19.2 鸟类摄影

对角线式构图拍摄飞翔中的鸟儿

除了在飞行的方向上预留运动空间外，如果希望在画面中增强鸟的飞行动感，应该在构图时采用对角线构图。

采用这种构图拍摄的照片，画面中或明或暗的对角线，能够引导观众的视线随着线条的指向而移动，从而使画面有较强的运动感、延伸感。

以对角线构图拍摄天空中飞翔的鸟儿，视觉上的不平衡使得画面更具动感和延伸感。

📷 400mm F11 1/2500s ISO400

散点式构图拍摄鸟群

表现群鸟时通常使用散点式构图，可利用广角表现场面的宏大，也可利用长焦截取部分表现，使鸟群充满画面。如果拍摄时鸟群正在飞行移动，则最好将曝光模式设置为快门优先，以高速快门在画面中定格清晰飞鸟。此外，应该采用高速连拍的方式拍摄多张照片，从而确保能够从这些照片中选出飞鸟在画面中分散位置恰当、疏密有致的精美照片。

使用长焦镜头以散点式构图拍摄群鸟飞舞的场面，画面被表现得疏密有致，气势宏大。

📷 300mm F7.1 1/2000s ISO400

以蓝天为背景拍摄鸟儿

　　天空是鸟儿的天堂。在天空中，它们自由地翱翔，是自由而独立的个体。摄影师想要拍摄它们，就应该突出表现它们自由的特点，以天空为背景不仅交代了鸟儿活动的环境与空间，同时也能使画面获得简洁的表现。

以干净的蓝天作为背景拍摄正在飞翔的鸟儿，鸟儿被表现得很突出，画面给人的感觉十分简洁、自由。

📷 400mm F6.3 1/2000s ISO100

以水面为背景拍摄鸟儿

　　水是万物的生命之源，河边、溪边、海边经常会有动物的到访，如水面上行走捕食的鸟儿、水鸭等。此时拍摄这些动物，可有意识地利用水面为背景。例如，平静的水面可以使主体形成倒影效果，波光粼粼的水面又可以使画面呈现出丰富的影调层次和纹理感。采用这种方法拍摄鸟儿同样能够获得简洁的背景，使鸟的主体突出、明确。

以水面为背景，使用长焦镜头拍摄正在游荡的水鸟，画面简洁、生动，水鸟被表现得十分突出。

📷 300mm F6.3 1/1000s ISO100

拍出鸟的眼神光

　　拍出有神情的鸟的一大关键窍门就是时刻将焦点聚集在鸟的眼睛上，但其眼睛仅仅是清晰、锐利的还不够，鸟的眼睛还必须有眼神光。

　　因此，如果拍摄时距离鸟较远，应该以前侧光进行拍摄，从而使其眼睛上能够反射出眼神光的光斑；如果与鸟的距离就在咫尺之间，应该在相机热靴上加装一只LED灯，在拍摄时将灯打开，以解决眼神光问题。也可以使用闪光灯，并将其输出功率控制在1/4~1/8左右。

摄影师拍摄带有眼神光的鸟儿，鸟儿的眼睛被表现得十分锐利，大大地增强了画面感染力。

📷 400mm F6.3 1/800s ISO800

逆光表现鸟的羽毛质感

　　逆光下的鸟类、往往由于其半透明的羽毛，使其在光线的照射下，在其形体外出现一层明亮的外形轮廓，其效果很是醒目耀眼，整个画面形成半剪影的效果。

　　而如果逆光的效果较强，或拍摄时做了负的曝光补偿，则能够在画面中展现深黑的鸟类轮廓剪影，主体原有的细节、层次、色彩均被隐藏，鸟类的主体形象突出，整体影调统一。

　　在拍摄剪影或半剪影效果的照片时，如果光线较强，可以考虑将画面处理为半剪影效果，而画面的整体基调，可以暖色调为主；如果光线不强，例如拍摄的时间段是傍晚甚至是光线较明亮的夜晚，则可以通过将测光模式设置为点测光模式，针对天空较明亮处测光，使鸟的主体因曝光不足而全部成为剪影效果，而画面的基调，则可以考虑以蓝色为主。

摄影师用逆光光线拍摄鸟儿，鸟儿的头冠显出半透明的效果，在蓝天的映衬下看起来格外漂亮。

📷 300mm F16 1/800s ISO100

19.3 野生动物摄影

超长焦镜头虚化背景

勿庸置疑，无论是野生动物还是动物园中的动物，长焦镜头都是必不可少的。前者更是经常会用到400~800mm的超长焦镜头，而即使是在动物园中拍摄，也建议使用200mm以上的长焦镜头，从而能够更游刃有余地捕捉到动物的一举一动。

以超长焦镜头拍摄动物，画面简洁、有力，动物被表现得十分突出。

📷 450mm F6.3 1/1000s ISO100

使用高速连拍捕捉动物精彩瞬间

如果你热衷于捕捉动物奔跑、捕猎、嬉戏的画面，那么除了要有极佳的耐心等待最好时机之外，还需要将相机设定为连拍模式，并将快门速度提高，因为只有高速快门结合连拍模式才能更加清晰地捕捉到动物活动时的精彩瞬间，高速连拍可以提高拍摄成功率，更多、更快地捕捉到完美的画面。

⬆ 使用高速连拍模式拍摄大猩猩丰富的表情，画面看起来趣味十足，十分生动、活泼。

逆光拍摄动物的技巧

在通常情况下，拍摄动物要重点表现它的面部表情和眼神，要把动物的外形和体毛的色彩表现好。但这也不是绝对的，有时在逆光的情况下拍摄，可以获得漂亮的剪影效果。此时，动物的体毛色彩和细节已经全部消失，全部呈黑色，但是轮廓却能清晰地看见。这样拍摄到的画面有一种特殊的气氛，因为画面中有大面积的黑色。

拍摄时间应选择清晨或傍晚，太阳刚刚升起或将要降落的时候，光线较为柔和，也容易寻找逆光的角度。曝光时应对准天空较亮的部位测光，这样能使天空获得准确的曝光，而动物和其他地面景物则会曝光不足，呈现大片的黑色。而如果对准动物测光，由于在逆光状态下受光较少，相机会自动增加曝光时间来实现充足曝光，这样会使天空过曝而呈现一片惨白，整幅画面也得不到剪影的效果。

摄影师以逆光光线拍摄动物，动物的外轮廓被表现得十分突出，在夕阳的衬托之下变得意境深远。

300mm F6.3 1/800s ISO800